ネットショップ運営

PRINCIPLES FOR BOOSTING PROFITS OF YOUR ONLINE SHOP

攻略大全

竹内謙礼
Kenrei Takeuchi

1月 の検索キーワードのトレンド

小売り	「お年賀 のし」「福袋 ネタバレ」「福袋 大きい」「2021 福袋」(※その年の西暦) 「成人式 お祝い」「雛人形 ケース」「お名前シール」「幼稚園バッグ」 「一人暮らし インテリア」「初売り」
食品	「七草粥 レシピ」「豆まき」「恵方巻き」「チョコレート バレンタイン」「生チョコ」 「湯豆腐 レシピ」「ボルシチ レシピ」「毛ガニ 茹で方」「タラバガニ 解凍」 「酒粕 レシピ」「小松菜 レシピ」「正月太り」
ファッション・スポーツ	「レディース 福袋」「成人式 スーツ」「振袖 成人式」「フリルブラウス」 「サーキュラースカート」「スプリングコート」「ノーカラー ジャケット」 「スマホ手袋」「卒園式 スーツ」「卒業式 150」「コサージュ 入学式」 「スキー ウエア」「スノーボード 初心者」

【傾向】

「福袋」のキーワードは、メーカー名やブランド名と組み合わせた検索が多く見受けられる。「正月太り」のワードから、ダイエット食の販売も面白い。ファッションは、卒業式、入学式関連が人気キーワード。成のお祝いギフトも需要あり。お客さんを低コストで集められる販促イベントとして、七草粥作り教室な開催してみては。

2月 の検索キーワードのトレンド

小売り	「ホワイトデー お返し」「ホワイトデー プレゼント」「男性用 財布」 「ひな人形 ミニ」「入学祝い」「通園バッグ ショルダー」「筆箱 男の子」 「マスク 子供」「マスク 日本製」「保湿 美容液」「引っ越し 挨拶 粗品」 「すのこベッド シングル」「雪かき 道具」「長靴 雪」
食品	「恵方巻き 方角」「恵方巻き レシピ」「鬼のお面」「節分 いわし」 「バレンタインチョコ 人気」「義理チョコ」「ブラウニー レシピ」 「スイーツ ホワイトデー」「ちらし寿司 ひな祭り」「ひな祭り ケーキ」 「ひな祭り お菓子」「だいこん レシピ」「寄せ鍋 レシピ」「桜餅」 「菜の花 レシピ」「山菜」
ファッション・スポーツ	「卒園式 服装 ママ」「コサージュ 卒業式」「スプリングコート レディース」 「トレンチコート」「シフォン ワンピース」「春 ブーツ」「白 コーディネート」

【傾向】

ホワイトデーのお返しで悩む男性客の消費が浮き彫りに。「ひな人形 ミニ」のキーワードが上昇するの住宅事情のためか。食品では、恵方巻きが人気。ひな祭り関連の食品で検索している人が多くいること目したい。ひな祭りの料理レシピ集などは、食品関連のネットショップのコンテンツとして重宝される可あり。ファッションでは春物に注目。

3月 の検索キーワードのトレンド

小売り	「ホワイトデー お返し 人気」「ホワイトデー 手作り」 「ピンクゴールドネックレス」「ひな人形 ミニ」「洗濯機 ランキング」 「送別会 プレゼント」「退職祝い」「花粉 マスク」「花粉 メガネ」 「空気清浄機 ランキング」「バーベキュー コンロ」
食品	「ひな祭り メニュー」「ひな祭り レシピ」「ひな祭り ケーキ」 「ちらし寿司 ひな祭り」「桃の節句」「お花見 お弁当」「ひな祭り ケーキ」 「ひな祭り お菓子」「いかなごの釘煮」「桜えび」「山菜 天ぷら」「桜餅」 「おはぎの作り方」「じゃがいも 植え方」「じゃがいも 栽培」
ファッション・スポーツ	「春物」「ネイル 春」「コットン ジャケット」「レース ブラウス」 「オープントゥ パンプス」「男性ストッキング」「謝恩会 ドレス」 「アウトドアコート」

向】

ワイトデー」のキーワードに「人気」「ランキング」「特集」の複合キーワードが増えているのは、手っ取り情報を収集したい男性心理の表れ。送別会や退職祝いのプレゼントで悩んでいる人も多いことがわかる。では、じゃがいも関連のキーワードが増えるところにも注目。ファッション関連では、謝恩会のドレスで消費者が増える傾向にある。

4月 の検索キーワードのトレンド

小売り	「習字道具セット」「引越し 挨拶 ギフト」「名刺入れ」「スーツケース」 「バーベキュー コンロ」「ピクニック バスケット」 「母の日 プレゼント ランキング」「日傘 折りたたみ」「日焼け止め」
食品	「イースター お菓子」「イースター エッグ」「柏餅」「たけのこ 保存」 「タケノコ レシピ」「わらびのあくぬき」「新じゃが レシピ」「遠足 お弁当」 「おにぎりケース」「花見 弁当」
ファッション・スポーツ	「コットン ジャケット」「レース ブラウス」「オープントゥ パンプス」 「弾性ストッキング」「野球手袋」「サッカー トレーニングシューズ」 「卓球 ラケット」「サングラス メンズ 人気」「レインスーツ」「水着フィットネス」

向】

道具」「卓球 ラケット」などの、子どもの入学関連で「近所で売っていないもの」の需要が高まる。「母プレゼント ランキング」からは、母の日に何を贈っていいのかわからない人が多いことが鮮明に。食品「イースター」のキーワードが上昇しているところに注目。ファッションでは、「レインスーツ」のキーワー場で、梅雨シーズン到来の動きがある。

5月 の検索キーワードのトレンド

小売り	「母の日ギフト ランキング」「カーネーション 母の日」 「父の日プレゼント 人気商品」「父の日プレゼント 手作り」「修学旅行 バッグ」 「除湿機」「遮光 日傘」「サングラス 偏光」「サングラス メンズ 人気」 「日焼け止め ランキング」「サンシェード」「ビニールプール 大型」 「アウトドア テント」「制汗剤」「汗取りインナー」
食品	「梅酒の作り方」「梅干し」「らっきょう漬け」「イチゴジャムの作り方」 「こどもの日 レシピ」「バーベキュー レシピ」
ファッション・スポーツ	「アロハシャツ メンズ」「ツナギ 半袖」「サンダル レディース 歩きやすい」 「かごバッグ ショルダー」「レインコート レディース」「レインブーツ　ジュニア」 「レインパンプス」「水着 レディース タンキニ」「体型カバー 水着」 「ビーチサンダル レディース」

【傾向】

「父の日プレゼント　手作り」のキーワードが上昇しているのは、「手作りっぽいプレゼントを渡したい」という子どもの見栄の部分の表れでもある。食品では、バーベキューのレシピに悩んでいる人が多いのもこのシーズンの特徴。ファッションでは、「体型カバー　水着」という悩みごとのキーワードが絡んだ商品に注目が集っている。また、ここには記載していないが、麦わら帽子、メッシュジャケット、かごバッグなどの夏素材の検索が増加している点も見逃せないポイント。

6月 の検索キーワードのトレンド

小売り	「父の日プレゼント　ランキング」「父の日 花」「父の日プレゼント 手作り」 「七夕飾り 折り紙」「夏祭り 景品」「お中元 ギフト」「お盆 提灯」「16本骨 傘」 「防水バッグ」「乾燥除湿機」「日傘 晴雨兼用」「アームカバー メンズ」 「業務用エアコン クリーニング」「ネッククーラー」「浮き輪 大人用」 「ウェルカムボード ブライダル」「結婚式 プチギフト」「スリッパ 夏用」
食品	「父の日 ビール」「冷製パスタ」「冷やしうどん」「かき氷」「枝豆 茹で方」 「ズッキーニ レシピ 人気」「オクラ レシピ」
ファッション・スポーツ	「キッズ浴衣」「浴衣 130」「半袖 yシャツ」「ノースリーブ ブラウス」 「子供 サンダル」「麦わら帽子 メンズ」「男性用レインブーツ」 「水着レディース タンキニ」「水着 大きいサイズ」「水着体型カバー」 「水泳 ラップタオル」

【傾向】

梅雨のシーズンということもあり「16本骨　傘」「日傘　晴雨兼用」の検索キーワードが浮上。「大人用　浮き輪」も面白いキーワードのひとつである。食品では冷たい食品が人気。ファッションでは、「男性用レインブーツ」の検索キーワードが人気で、レインブーツが男女問わず人気になっていることがわかる。

7月 の検索キーワードのトレンド

小売り	「祭り用品」「お中元 ビール」「お盆玉」「ビアサーバー」「ふわふわかき氷機」「メンズ 日傘」「アームカバー メンズ」「サンシェード 車」「乾電池式扇風機」「クールマット」
食品	「土用の丑の日」「うなぎ 価格」「夏のおやつ」「冷汁」「流しそうめん器」「冬瓜 レシピ」「ゴーヤ レシピ 人気」
ファッション・スポーツ	「子供ゆかた 130」「ゆかた 髪飾り」「キッズ ゆかた」「甚平 女の子」「甚平 130」「厚底 サンダル」「モロッコ かごバッグ」「メンズ 麦わら帽子」「扇子 男性用」「甚平 レディース」「甚平 キッズ」「ビンテージ アロハ」「アロハシャツ s」「ショートパンツ メンズ」「リネン ブラウス」「メッシュ キャップ」「ワイヤービキニ」「タンキニ」「水着 4点セット」「スイムパンツ」

【傾向】

「お盆玉」という夏の“お年玉”に代わるキーワードが登場。子どものおもちゃなどの消費が増える可能性あり。「乾電池式扇風機」というのも、オフィスワーカーに人気のキーワード。食品では、「流しそうめん器」というユニークなキーワードも。ファッションでは、浴衣、甚平関連のキーワードに注目。

8月 の検索キーワードのトレンド

小売り	「ランドセル 人気」「防災食」「敬老の日 プレゼント」「涼しい枕」「夏バテ サプリ」「夏バテ ドリンク」「猛暑対策グッズ」「冷感タオル」
食品	「お盆 お供え」「初盆 お供え」「みょうが レシピ」「冬瓜 レシピ」「ゴーヤ 佃煮」「夏のおもてなし料理」「スムージー レシピ」「バーベキュー 食材」「かき氷 シロップ」「アイスコーヒー」「アイス 詰め合わせ」
ファッション・スポーツ	「ツイード」「ファー バッグ」「カウチンセーター」「ニット帽」「ダウンコート レディース」「シープスキンブーツ」「水着 体型カバー 大きいサイズ」「ビーチサンダル」「登山 レインウェア」「暑いトイレ対策」

【傾向】

ここには記載していないが、夏休みの宿題関連のキーワードでは、「自由研究　小学生　6年生」「自由研究キット」「夏休み　工作」「読書感想文　書き方」「自由研究　まとめ方」などが上昇。これらのキーワードに関連したイベントや商品は集客力が高まる可能性あり。食品では、お盆休み関連のキーワードが上昇。お盆休みのお供えものや料理などに注目が集まっている。ファッションでは、登山関連のキーワードが目に付く。

9月 の検索キーワードのトレンド

小売り	「雨具 レインコート」「防災グッズ セット」「おいしい 非常食」「非 「敬老の日 プレゼント 人気」「敬老の日 花」「敬老の日 人気ラン 「スマホ 手袋」「ブーツキーパー」「ランチボックス 運動会」「ピク 「こたつ布団 正方形」「こたつ120」「カーボンヒーター」「足元ヒ 「羽毛布団 シングル」「大人用 ハロウィン 衣装」「魔女 コスプレ」 「クリスマス用品」「クリスマスリース」「サンタ コスプレ」
食品	「和菓子 ギフト」「おはぎの作り方」「月見団子」「栗の渋皮煮」「 「さつまいも レシピ お菓子」「さんま レシピ」「新米」「松茸ご飯 「ハロウィン お弁当」
ファッション・スポーツ	「タータンチェックスカート」「ベスト ニット」「キルティングコー 「婚約指輪 オーダー」「結婚式 ドレス お呼ばれ」「スキーウェア」 「スノーボード 板」「スノーボード プロテクター」「七五三 母 服 「七五三 着物」「七五三 草履」

【傾向】

「おいしい　非常食」というキーワードは斬新な切り口。年末に向けたキーワードが増え
目したい。食品では、「栗」「さんま」「松茸」などのキーワードが上昇。ファッションでは
装に悩みを抱える消費者が多いことがわかる。

10月 の検索キーワードのトレンド

小売り	「仮装 ハロウィン 子供」「折り紙 ハロウィン」「クリスマスプレ 「サンタクロース 衣装」「クリスマスオーナメント」「手帳 ケース 「ハイタイプ こたつ布団」「セラミックファンヒーター」「電気 毛 「電気カーペット」「床暖房」「雪かきスコップ」「除雪機」「防寒 「静電気除去 ブレスレット」「パソコン 秋冬モデル」
食品	「ハロウィン レシピ かんたん」「さつまいも 人気」「スイートポ 「干し柿」「あんこう鍋」「鍋焼きうどん」「大根 レシピ」
ファッション・スポーツ	「七五三 5歳 フルセット」「七五三 3歳 着物」「髪飾り 七五三」 「タートルニット」「ニット パーカー」「ボアコート」「フード付き 「メンズ 靴 ブーツ」「イヤーマフラー」

【傾向】

ハロウィン関連のキーワードがダントツ人気。暖房、防寒関連のキーワードにも注目。食
「鍋」が2強。ファッションでは、引き続き七五三関連のキーワードに注目が集まる。

11月 の検索キーワードのトレンド

小売り	「サンタ コスプレ レディース」「クリスマスプレゼント 彼氏」「ペアリング」「クリスマスソーラーイルミネーション」「グローブ 防寒」「スマホ 手袋」「システム手帳 A5」「福袋 2022 予約」(その年の西暦)「205 65 16 スタッドレス」「スノーダンプ」「雪かきスコップ」「こたつ 取替えヒーター」「サージカルマスク」
食品	「クリスマスチキン」「クリスマスケーキ チョコ」「白菜 浅漬け」「大根 そぼろあんかけ」「キャベツ 大量消費」「りんごケーキ ホットケーキミックス」「ぶり大根 圧力鍋」「たら ホイル焼き」「クリームシチュー リメイク」「しし鍋」「おせち料理 早期割引」
ファッション・スポーツ	「中綿ジャケット」「ダウンジャケット メンズ L」「メンズ チェスターコート」「男性用ブーツ」「ストール カシミヤ」「ネックウォーマー」「イヤーマフ」「スノーボード ステッカー」「スキーウェア 160」「スキーキャリア」

【傾向】

「グローブ　防寒」「スマホ　手袋」などの手の寒さ対策のキーワードが上昇。「おせち料理　早期割引」のキーワードが登場してくるところにも注目。ファッションでは、「男性用ブーツ」が登場するのが、この時期ならではの傾向と言える。

12月 の検索キーワードのトレンド

小売り	「嫁 クリスマスプレゼント」「500円以下 プレゼント」「換気扇 掃除 洗剤」「お正月アレンジメント」「福袋 2022(その年の西暦)」「パネルヒーター 電気代」「加湿器 オススメ」「寝袋 冬用」「雪かきスコップ」
食品	「ローストチキン クリスマス」「ミートローフ クリスマス」「一人 ケーキ」「クリスマス 鍋」「クリスマス ごちそう」「お歳暮 ギフト 食品」「冬至 かぼちゃ 小豆」「年越しそば レシピ」「おせち 昆布巻き」「お正月 煮物」「お雑煮 だし」「かに鍋 だし」「カニクリーム パスタ」「ワタリガニ パスタ」「ぶり大根 めんつゆ」
ファッション・スポーツ	「ムートンコート レディース」「ダウンコート ロング レディース」「ニットワンピース 秋冬」「スキーウェア メンズ 上下セット」「スノボ パーカー」

【傾向】

「嫁　クリスマスプレゼント」のキーワードから、妻へのプレゼントで悩んでいる男性消費者が多いことが伺える。「加湿器　オススメ」のキーワードが上昇するのは、性能がわからない消費者が多いからか。食品では、やはりクリスマス関連のレシピが人気。カニのレシピに悩んでいる消費者も多い。ファッションではスキー関連のキーワードが上昇している。

ネットショップ運営

PRINCIPLES FOR BOOSTING PROFITS OF YOUR ONLINE SHOP

攻略大全

竹内謙礼
Kenrei Takeuchi

技術評論社

免責

本書に記載された内容は、情報の提供のみを目的としています。したがって、本書を用いた運用は、必ずお客様自身の責任と判断によって行ってください。これらの情報の運用の結果について、技術評論社および著者はいかなる責任も負いません。

本書記載の情報は、刊行時のものを掲載していますので、ご利用時には変更されている場合もあります。

また、ソフトウェアはバージョンアップされる場合があり、本書での説明とは機能内容や画面図などが異なってしまうこともありえます。本書ご購入の前に、必ずバージョン番号をご確認ください。

なお、本書は『楽天にもAmazonにも頼らない！ 自力でドカンと売上が伸びるネットショップの鉄則』をもとに加筆修正したものです。

以上の注意事項をご承諾いただいたうえで、本書をご利用願います。これらの注意事項をお読みいただかずに、お問い合わせいただいても、技術評論社および著者は対処しかねます。あらかじめ、ご承知おきください。

商標、登録商標について

本文中に記載されている製品の名称は、一般に関係各社の商標または登録商標です。なお、本文中では™、®などのマークを省略しています。

はじめに

「あきめないでください。
まだまだネットショップの売上は伸びるんです！」

これからネットショップを始めたい人、楽天市場の手数料や送料負担、広告費に悲鳴を上げている人、AmazonやYahoo!ショッピング、PayPayモールと並行して、自社サイトの売上を伸ばしたい人——そんな「**自分たちのネットショップで売上を作るんだ！**」という熱い気持ちになっている人のお役に立てる本になればと思い、本書を書かせていただきました。

私が過去に執筆したネットショップ本は、どちらかというと厳しい現実を突きつけて、それに立ち向かっていくことを前提として書いた本ばかりでした。しかし、ネットショップの競争が激化している今の状況では、そのような厳しいことばかり書いても気持ちが暗くなるだけで、まったくやる気が出てきません。やる気が出てこなかったらどんなに良質なノウハウを提供しても、売上を伸ばすことができなくなります。つまり、厳しい現実を突きつけても本末転倒になってしまうのです。

本書ではネットショップ運営が少しでも面白くなるような販促ネタを中心に書かせていただきました。もちろん、少しは辛口なコメントも書かせてもらっていますが、それは私からの「がんばれ！」というメッセージとして受け止めてもらえればと思います。

本書の特徴は、下記の3点です。

1. 自社サイトの攻略本である

“自社サイト”とは、自社ドメインのサイトのことを意味しています。つまり、楽天市場やAmazonなどのモールに依存するのではなく、自分の会社のネットショップを運営するためのノウハウを書かせていただきました。

2. 長期間、かつ即実践で使える販促ネタが盛りだくさん

何度繰り返し読んでも、必ず気づきがある販促ネタを中心にまとめました。「この1冊さえあれば、ほかのネットショップ本はいらないよ」と言ってもらえるような本を目指しました。即実践で使えるネタばかりを網羅しています。

3. ノウハウを初級・中級・上級にレベル分け

ネットショップ運営はノウハウが多すぎて「何から手をつけていいのかわからない」と悩んでいる人が多いのが現状です。本書は「初級」を月商50万円未満、「中級」を月商100万円未満、「上級」を月商100万円以上というレベルでノウハウを分類しました。

「何をやってもダメだぁ……」という人は、ぜひ、初心者向けのところから読み始めてください。ちょっとした工夫でポーンと売上が伸びるノウハウをたくさん紹介しています。この章では専門知識も経験もいりません。飽きっぽい人でも大丈夫です。

「最近、売上が頭打ちなんだよね……」という人は中級者向けのところから読んでみてください。今までやっていなかったことや、見逃していたことなどを書いていますので、それらを実践すれば売上はもう一度加速して伸びていくと思います。

「もっともっと売上が欲しい！」という人は、ぜひ上級者向けのところを読んでください。多少面倒くさくて、大変な販促ノウハウもあると思いますが、ここまで売上を伸ばすことができたあなたなら、きっと実践して結果を残すことができると思います。大丈夫、この戦国時代のような厳しい

世界を生き抜いたネットショップです、まだまだ売上は伸びるはずです。

なお、本書は前著『楽天にもAmazonにも頼らない！ 自力でドカンと売上が伸びるネットショップの鉄則』の改訂版です。SaaS型ECサイト構築プラットフォーム「futureshop」の協力を得て、自社サイトのホームページ構築のノウハウを新たに加筆しました。

Instagram やTwitterなどのSNSの活用法や動画コンテンツの制作方法、さらには、スマホサイト制作のコツ、自社ポイント制度の活用法やカートサービスの選び方のコツなど、初心者向けにわかりやすく解説します。

最後に。

本書を読み始めたら、必ず、最後まで読み続けることを約束してください。こんな分厚い本です。おそらく途中で眠たくなることがたびたびあるかもしれません。また、途中まで読んで、そのまま本棚にそっとしまってしまうかもしれません。でも、本は読まなければ知識になりませんし、武器にもなりません。「ここに書いたことをすべて実践しろ！」なんて厳しいことは言いません。**ただ、ページをめくり、読み進めて、最後のページにたどりつくことだけは実践してください。**そうすれば、必ず「売上を伸ばすぞ！」という気持ちになると思います。

そして、ここに書いているノウハウの1個か2個ぐらいは、必ず実践していただければと思います。そうすれば、それが小さな成功体験になって、次から次へと本書に書かれているノウハウを実践するようになり、売上につなげていっていただけるのではないかと思います。

もちろん、最後まで読み進めてもらうためには、著者である私が刺激的なノウハウと読みやすい文章を提供していかなくてはいけません。これから一緒に、自社サイトの販促ノウハウの大海原へ、旅立ちたいと思います。

そういうわけで、いざ、出発！

経営コンサルタント　竹内謙礼

CONTENTS

序章

自社サイトを運営するための心構え

序章では自社サイト運営に関する“心構え”のお話をします。実践的なノウハウに入る前に、「自社サイトの運営とはなんぞや？」ということを理解して、売上を伸ばすための“下準備”を整えていきたいと思います。

なぜ、今、自社サイトが熱いのか？

「はじめに」で述べたとおり、本書は自社サイト向けのネットショップ攻略本です。本来であれば、“ネットショップ”といえば楽天市場やAmazon、Yahoo!ショッピングのようなモールに出店するほうが“売れる”というイメージがあると思いますが、本書はあえて「自社サイト」だけにフォーカスして話を進めていきます。理由は3つあります。

①モールの競争が激しくなってきた

ネットショップの数と商品点数の増加で、以前よりも楽天市場やAmazon、Yahoo!ショッピングは売上を伸ばしにくい市場になりました。また、ネット広告のレスポンスの低下や、手数料の値上げ、送料の統一などもあり、ネットショップ運営そのものの環境が厳しさを増しています。そうなると“売れない”と評されていた自社サイトと、競争の激しいモールでの“売れない”の程度の差が、そんなに大きなものではなくなってきました。

②自社サイトを取り巻く消費者の環境が変わった

Eコマースの競争が激しくなるにつれて、広告費の投資や戦略の組み立て方よりも、「商品力」が問われる時代になりました。そうなると、「どこのお店で売っている」というよりも、「ネットで売っていたら買う」という流れになり、商品力さえあれば、モールに頼らなくても、自社サイトで商品が売れるようになってきました。

③ネット市場がボーダレス化してきた

お客さんのネットスキルが向上したことにより、モールによる“囲い込み”で売ることが難しくなってきました。たとえば、Facebookで商品情報を得て、Instagramを経由して商品を購入する、実店舗で商品を確認して、ネットで商品を購入する――このように、購入パターンがボーダレス化してきた現状では、販促の自由度が高い自社サイトのほうが、ビジネスチャンスが大きく広がることになります。

もちろん、今でも楽天市場やAmazon、Yahoo!ショッピングの販売力にはズバ抜けたところがあります。しかし、市場の流れを見ると、顧客の囲い込みが重要になってきている今は、モールに依存して商品を売り続けることのほうが、むしろ時代に逆行しているようにも思えます。

自社サイトが“売れない”というのは、今は昔。もしかしたら、モールが売れすぎて、自社サイトの運営にネガティブな印象を持ってしまっているだけかもしれません。このようにEコマースの市場は明らかに自社サイトに有利な環境になりつつあるのです。

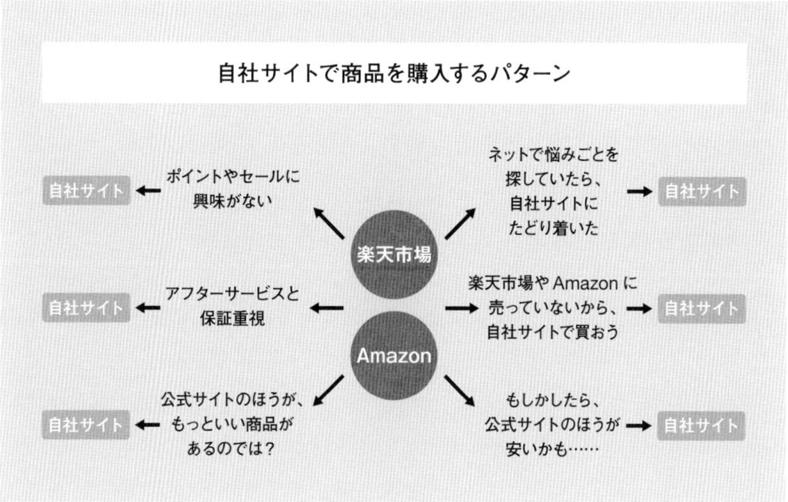

自社サイトで商品を購入するパターン

自社サイトを運営するための“漢の約束”

集客さえできれば、もう楽天市場やAmazon、Yahoo!ショッピングに高い手数料や広告費を支払わなくて済む

自社サイトが楽天市場やAmazon、Yahoo!ショッピングよりも売れない理由は、「集客」が弱いからです。そのため、モールに出店する人たちは、「集客」がしたいあまりに、たくさんの手数料や広告費を支払ってモール内でネットショップを運営しているのです。

しかし、それだけ集客が大事だというにも関わらず、自社サイトを運営するほとんどの人は「何もしなくても、お客さんは増えていくだろう」「やり方がわからないけど、とりあえずやってみよう」と軽い気持ちで自社のネットショップの運営を始めてしまいます。だから、失敗してしまうのです。

でも、これは裏を返せば、集客さえがんばれば自社サイトは売上が伸びることが保証されているという意味でもあります。もっと極端なことを言ってしまえば、集客さえできれば、もう楽天市場やAmazon、Yahoo!ショッピングに高い手数料や広告費を支払わなくて済むのです。

「なんとかなるだろう」と、集客をナメてませんか？

先述したように、自社サイトの運営がうまくいかなくなってしまうのは、ネットショップの運営者が、「集客」をナメ過ぎてしまったことが要因だと思います。私は実店舗のコンサルティングもやっているので、リアルな商売の世界でも“お店に人を呼ぶ”という販促は大変だということを理解しています。雨の日も風の日も、お店の表に出てチラシを手配りしなくて

はいけないし、利益が出ないような高い家賃を支払って、ヒーヒー言いながらお店を運営しなくてはいけません。

しかし、ネットショップ運営は、リアルにそういう状況を目にすることができないために、「なんとかなるだろう」と集客をナメてしまうのです。

だから、ここで私と「集客を死ぬ気でがんばるぞ！」という“漢の約束”をしてください。この本を読んでいるあなたが女性でも、この約束は守ってください。そうしなければ、どうしてもネットショップ運営の戦略から「集客」という言葉が吹っ飛んでしまって、自社サイトの運営に失敗してしまいます。

「集客のためだったら、私はなんでもするぞ！」

そのくらいの熱い思いがあれば、自社サイト運営は必ず成功します。

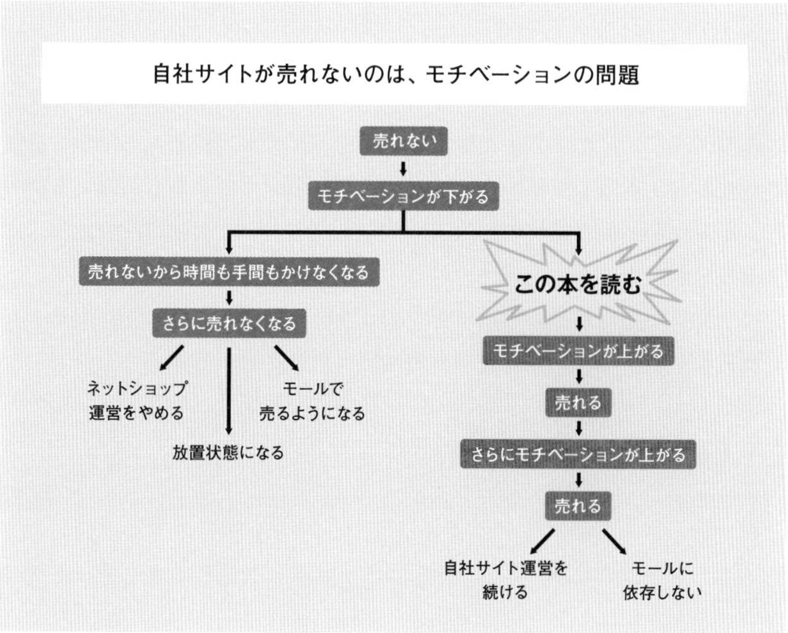

自社サイトが売れないのは、モチベーションの問題

最適な“目的”を決めれば、最適な“戦略”が見えてくる

もうひとつ、自社サイト運営がうまくいかない理由として、「目的」が中途半端になってしまうことが考えられます。もちろん、営利目的ですから目的は「稼ぐこと」しかありません。しかし、自社サイトの場合、月々のランニングコストがあまりかからないために、「稼ぐこと」よりも「運営すること」に目的がスライドしてしまいます。そして、その結果、ダラダラと運営してしまうサイクルになってしまうのです。

これは、楽天市場やAmazon、Yahoo!ショッピングと並行運用している人にも同じことがいえます。モールに出店すると、高い手数料と広告費を支払います。そうなると、運営者は「損をしてはいけない」と思うので、真剣に運営するようになります。そのような必死な思いが戦略にも表れて、結果、モールに出店しているネットショップは売上が伸びるのです。

このように、自社サイトを運営する際は、まずは「目的」を決める必要があります。本気でやるのか、片手間でやるのか、それとも別のことを目的にするのか。その「目的」を決めることによって、自分自身の仕事に対する力加減が決まって、売上を伸ばすための戦略が立てられるのです。

自社サイトを運営する目的は以下の3つあります。自分のネットショップ運営のスタイルにあった目的を選んでください。

①本気で運営する

自社サイト運営に人とお金を投資して、本気で稼ぐことを目的にしましょう。そうすれば、「損をしたくない」という気持ちが働いて、必死になって売上を伸ばすようになります。「売れてからお金や人を入れる」のではなく、「売れる前にお金や人に投資する」ことが、成功するビジネスの鉄

則なのです。

②片手間で運営する

社内事情や体制によって、本気で自社サイトを運営できない会社もあります。

「ほかの仕事があって、ネットショップを運営する時間がない……」
「専属の担当者が置けない……」
「まだ楽天市場に注力しなくてはいけない……」

そのような場合は、実践することを絞って、即効性の高い販促（本書の初級編）だけをやるようにしましょう。また、日常の業務に差し支えのない程度の、継続できるかんたんな仕事をひとつやり続けることを心がけましょう。焦らず、じっくり時間をかけて、現実的な売上を目指していけば、自ずと次のステージの売り方が見えてくると思います。

③実店舗中心で運営する

実店舗の集客に力を入れれば、必然的にお店や商品のファンができて、そのお客さんがネットショップでも商品を買ってくれるようになります。最近注目される「OtoO」（Online to Offline）、「D2C」（Direct to Consumer）といわれる売り方がこの部類に入ります。自社サイトはあくまでアシスト的な存在であり、手を加える必要はありません。その代わり、徹底して実店舗の広告宣伝やダイレクトメールなどの販促に力を入れていきましょう。もちろん、だからといって自社サイトを放置してはいけません。常に「ネットと実店舗をクロスさせる」という意識を持って運営してください。

いかがでしょうか。上記の3つのうち、自分の置かれている環境を考慮しながら、自社サイトの運営の“目的”をまずは決めましょう。

自社サイト運営 成功のための5ヶ条

（壁や机の前など、いつでも目につくところに貼りましょう）

- ☑ **やるからには、必ず儲けよう！**
- ☑ **集客のためなら、何でもしよう！**
- ☑ **お店のファンを作ろう！**
- ☑ **お金より手間をかけよう！**
- ☑ **継続は最大の武器！**

芸能界とネットショップ運営は同じ。生き残りを賭けた必勝6パターン

ネットショップの競争は非常に激しい、けれど

ネットショップの生き残りの競争は非常に激しい状況です。ひと昔前に比べてネットショップの数は増えていますし、商品点数も莫大な数に膨れ上がっています。さらに、価格競争と広告費の投資競争は激しさを増し、規模の小さなネットショップは以前にも増して生き残りが厳しくなっています。そのような状況下で、自社サイトは楽天市場やAmazon、Yahoo!ショッピングなどのショッピングモールとも戦っていかなくてはいけません。“厳しい”という短い言葉では語り尽くせないほどの競争が、インターネット上で繰り広げられているのです。

しかし、冷静に考えてみれば、“厳しい”というのは、なにもインターネットの業界に限った話ではありません。飲食店業界も建設業界も、みんな価格競争や競合の進出で厳しい状況に追い込まれています。同じ社内でも出世競争や営業先での競争もありますから、そもそも「仕事」というのは厳しいのが常なのです。

そう考えれば、「インターネットの競争は厳しいから」という理由だけで、そこから目を背けてしまうことは非常にもったいないといえます。どうせお金儲けの世界が厳しいのであれば、それを覚悟したうえで、果敢に立ち向かっていったほうが気持ちがラクになって、いろいろなことにチャレンジできるようになるのです。

“デビュー”する方法はいくらでもある

今回、自社サイトの運営パターンを「芸能界」にたとえて考えてみまし

た。なぜ、芸能界にたとえたかというと、ネットショップ運営の業界と同じで、競争が非常に厳しい世界だからです。その厳しい競争の中で生き残っている芸能界の“必勝法”を考察したところ、自社サイト運営のパターンと重なるところが多く、今回ノウハウとして落とし込んでみました。

テレビの世界は、おもに5つのキー局にしか露出するチャンスがなく、さらにその枠には「24時間」という時間制限が設けられています。つまり、人の目に晒されて、必要とされる“枠”が決まっており、その狭いごくひと握りの枠に生き残るために、何千人もの芸能人のみなさんが必死になってがんばっているのです。

そう考えれば、まだネットショップの業界は、ラクだと思いませんか？　検索キーワードは無限大にあるし、世間に露出する方法もたくさんあります。特に自社サイトは自由度が高いので、芸能界でいう“デビュー”する方法は、いくらでもあるといってもいいでしょう。

これから紹介する自社サイトの運営6パターンは、厳しい競争社会で生き残るための芸能人の知恵が盛りだくさんに含まれているので、ぜひ参考にしてもらえればと思います。

もし、6つのパターンに自分の運営するネットショップが当てはまらなかったとしても、再度“オーディション”を受け直せばいいだけです。もう一度、ネットショップのコンセプト作りから始めて、競争に打ち勝つ戦略を構築すれば、再チャレンジする機会はいくらでもあるのです。

自社サイト運営の６つのパターン

商品点数重視
「アイドルグループ」タイプ

熱烈なファンづくり
「ストリートミュージシャン」タイプ

現実と仮想から集客
「吉本芸人」タイプ

大きな看板背負っています
「局アナ」タイプ

一部マニアに受ければいい
「地下アイドル」タイプ

売れている奴の影になるから難しい
「ジャニーズ」タイプ

商品点数が多いのが自慢です。「アイドルグループ」タイプ

仕入れ型のビジネスに向いている

グループのメンバーが多いと、ファンの数も多くなります。ファンの数が多ければCDもたくさん売れるし、コンサートの動員人数も多くなります。アイドルグループ「AKB48」や「モーニング娘。」などは、メンバーの数を増やして、ファンの数を比例して増やしていった戦略があったのかもしれません。

自社サイトの運営も、そういう意味では、“商品点数勝負”というところが大いにあります。商品点数が多いとその分商品ページも増えるので、お客さんにネットで検索される可能性が高まります。そうすると、アクセス数が増えて、その商品に対してのリピート客やまとめ買いも増えるので、必然的に売上も比例して伸びていきます。戦略としても商品点数を増やしていけばいいだけなので、複雑なことを考える必要はありません。先ほどのグループアイドルにたとえるのならば、定期的にオーデションを繰り返して、メンバーを入れ替えて増やしていけば、新しいファンを増やして、売上を伸ばし続けることができるのです。

このような売り方に適しているのは、仕入れ型のビジネスを展開している自社サイトです。ラインナップが多かったり、多くの仕入れ先にコネクションがあったりする会社であれば、扱う商品を絞り込まず、数を増やしていくことに力を注いでいったほうが得策といえます。

5000点以上の商品点数は欲しいところ

アイドルグループパターンで成功するための秘訣は、商品点数を増やす

ことに妥協してはいけないという点です。取り扱う商品のカテゴリーによって、必要な商品点数はまちまちですが、ノンジャンルで勝負するのであれば、5000点以上の商品点数は欲しいところです。「商品点数を増やしても売上が伸びない」というネットショップは、えてして数百点ぐらいしか商品を増やしていないケースが多いので、その点に関しては色違い、サイズ違いのほか、さまざまなパターンで商品点数を増やしていってください。

ただし、商品点数が増えると商品管理が複雑になるため、ある売上高に達した段階で、在庫管理や受注管理のシステムを導入する必要があります。そういう意味では、システムにくわしい人が近くにいなければ、すぐに売上が頭打ちしてしまうビジネスモデルだというリスクを抱えています。

しかし、それでも、「商品点数を増やす＝売上」という単純なロジックで売上を伸ばせることは大きなメリットなので、仕入れに自信のある会社であれば、徹底的に商品点数を増やすことに力を入れていってもらえればと思います。

アクセス数と売れ行きから考察する自社サイトの商品ページの改善策

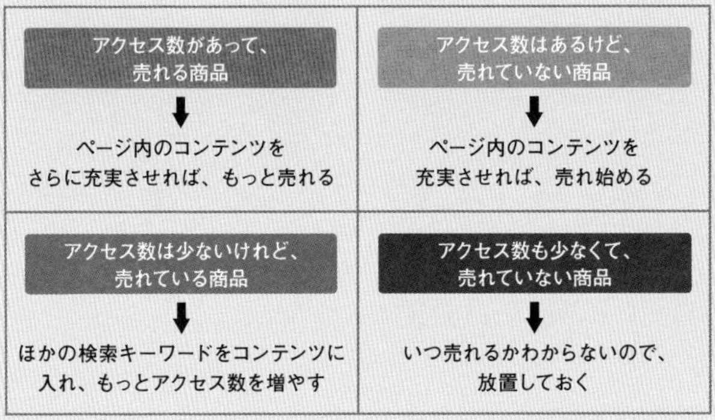

商品点数が多いと当然ページ数も増えます。アクセス数や商品の売れ行きからページを改善して、さらに売上を伸ばしていくのが商品点数の多いネットショップの改善策の王道といえます。

ここがポイント！

商品点数が増えると「売れる商品」と「売れない商品」がハッキリと分かれてきます。しかし、商品点数が多いため、すべての商品に手をかけることはできません。その場合、アクセス数を基準にして、売れている商品と売れていない商品を分別していくと、ページをどのように改善していけば売上が伸びるのか見えてくるところがあります。

地道にファンを作れば売れる！「ストリートミュージシャン」タイプ

商品やお店の「ストーリー」でファンの心を引きつける

路上ライブからメジャーデビューする歌手は思いのほか多いです。「いきものがかり」や「ゆず」など第一線で活躍しているアーティストも、昔は路上で地道に活動していた時期がありました。

このようなストリートミュージシャンに似ているのが、単品の商品や狭いカテゴリーで勝負する自社サイトです。単品なので、売れる確率は低く、お客さんの目に触れる機会も多くありません。しかし、その“こだわり”は確実にお客さんのハートを鷲づかみにして、熱烈なファン客を作り出していきます。

このような単品の自社サイトの場合、商品やお店の「ストーリー」が重要になります。アーティストがデビューするまでの苦労話がファンの心を引きつけるのと同じで、お客さんを魅了するためには物語が必要なのです。そのようなバックグラウンドがあるおかげで、ほかの商品と比較された際、オンリーワンの商材になり、それが付加価値となって高い価格で売れるようになるのです。価格競争にも巻き込まれることがなくなり、「この商品が欲しい！」とお客さんが自ら商品名や店舗名で検索して、自社サイトに買いに来てくれるようになります。そして、結果的にSEOもせず、広告費もかけずに売上を伸ばせるようになるのです。このようなストリートミュージシャンタイプのネットショップは、自社サイト運営でも非常に売上が好調です。モールに出店していなくても、「この商品が欲しい！」というファン客がわざわざ買いに来てくれるので集客に苦しむこともありません。

時間と手間をじっくりとかけるのがポイント

成功のポイントとしては、自社サイト運営に時間と手間をじっくりとかけることです。商品づくりはもちろんのこと、魅力ある商品を伝えるためのコンテンツづくりが必要不可欠になります。動画や写真、イラストを駆使してお客さんに「この商品が欲しい」と思ってもらえるような表現力がネットショップに求められます。

また、FacebookやTwitter、InstagramなどのSNSを駆使して情報発信を続けるためのノウハウも必要となります。リアルの世界でお客さんと接して、商品の良さやスタッフの思いなどを直接お客さんに伝えるイベントも、定期的に開催する仕掛けづくりがこの販促には求められます。

ストリートミュージシャンの全員がメジャーデビューできないのと同じで、こだわりの単品通販で成功するのは厳しい戦い方になることはまちがいありません。しかし、「どんな苦難を乗り越えてでも、この商品を売るんだ！」という熱い思いがあれば、ファンがついて必ず成功の道は開けてくると思います。

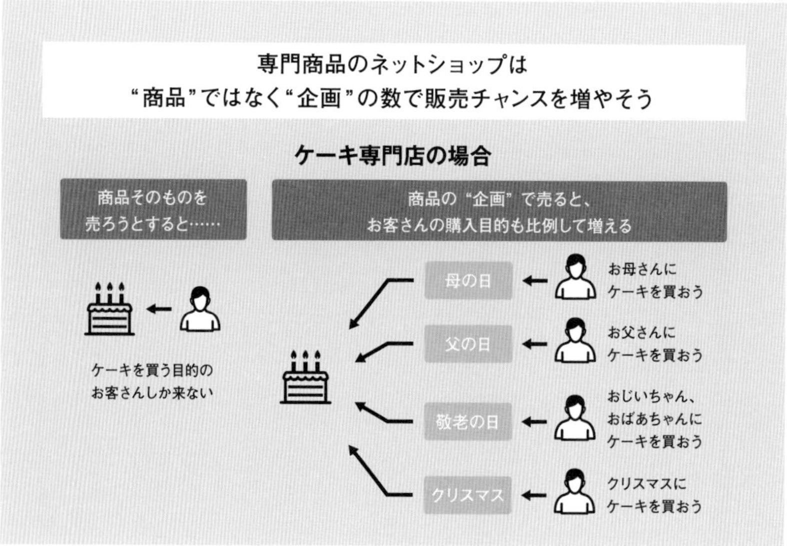

劇場があるから、ネットにもファンがいる。「吉本芸人」タイプ

リアルな世界観とバーチャルな世界観を相互に体験させて熱烈なファンを作る

多くのお笑い芸人を抱える吉本興業。テレビで吉本興業のタレントを観ない日はないというぐらい、たくさんのお笑い芸人が在籍しています。吉本興業のお笑い芸人がお客さんからの支持を集める理由は、実力もさることながら、全国に漫才やコントを披露する劇場を持っていることが大きいといえます。本拠地のある大阪をはじめ、東京、千葉、埼玉、静岡、京都、沖縄 ――テレビの中でしか見られない人気のお笑い芸人が、実際にナマで観られるとなると、お客さんの喜びは倍増されます。さらに、劇場でしか観られなかったお笑い芸人がテレビで観られるようになると、その愛着は一気に膨れ上がります。このように劇場というリアルな世界観と、テレビというバーチャルな世界観を相互に体験させることが、吉本芸人に熱烈なファンを作る要因にもなっているのです。

このような2つの世界観を体験させてファンづくりを行う手法は、消費のボーダレス化に強い自社サイト運営で活発に行われています。ネットショップで商品を購入して、その後商品が気に入って実店舗に足を運び、オンラインとオフラインの両方の市場で濃密な顧客づくりを行っているのです。そうすることで他店との差別化を図ることが、実店舗を持っている自社サイト運営の強みになるのです。

「実店舗にお客さんを誘導する」というのは、モールでは実践できない強み

成功の秘訣はネットと実店舗の両方のコンテンツで、お互いの情報を積極的に発信していくことです。店頭の写真やイベントの様子、お客さんが商品を購入した写真や使用している動画など、実店舗をイメージさせるコンテンツを載せることは、「商品が欲しい」という気持ちをさらに盛り上げてくれます。また、実店舗のパンフレットやカタログでFacebookやLINE公式アカウントなどの情報を掲載して、実店舗のお客さんをSNSに誘導することで、さらにお客さんの購買意欲は活性化されます。検索や広告で獲得したお客さんではなく、実際に店員と触れ合い、お店の雰囲気を体感させてあげたお客さんなので、優良顧客になることはまちがいないといってもいいでしょう。

ただし、この戦略の場合、販促が複雑になってしまうことは覚悟しなくてはいけません。お客さんがネットと実店舗の両方を通じて、どのように優良顧客になっていくのか、売り手側がしっかり購入までの設計図を描いていなければ、すべてが中途半端な戦略になってしまいます。実店舗とネットショップのお互いのスタッフの意識が高くなければ難しい販促手法なので、スタッフ同士の情報共有はマメに行わなければいけません。

「実店舗にお客さんを誘導する」というのはモールでは実践できない、自社サイトの強みのひとつといえます。競合がひしめくEコマースの業界では、今後このような「吉本芸人」タイプの自社サイトが増えていくことが予想されます。

自社サイトのOtoO戦略の仕組み

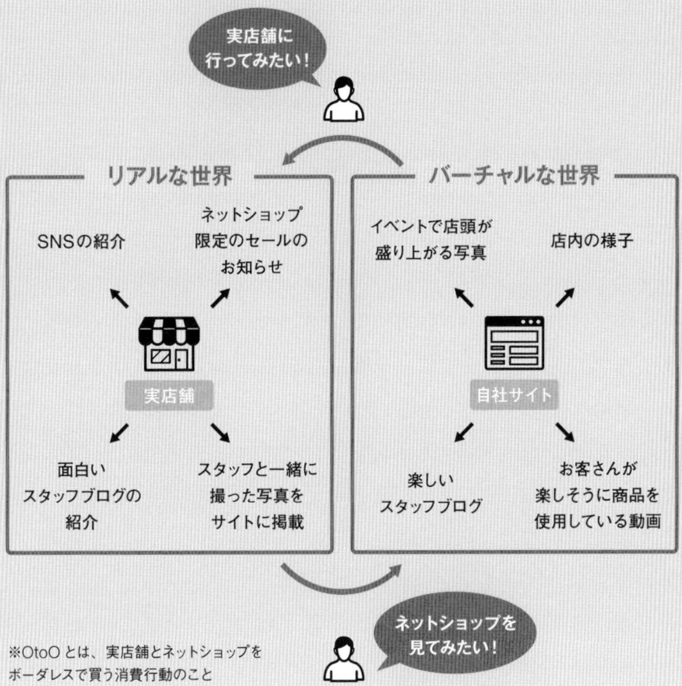

※OtoOとは、実店舗とネットショップを
ボーダレスで買う消費行動のこと

会社の看板を背負っているので無茶はできません。「局アナ」タイプ

ユニークな販促企画、セールや値引きができない

テレビ局のアナウンサーは非常に難しい立場で仕事をしています。番組の進行役として、マジメな司会業をこなさなくてはいけませんし、テレビ局を代表する立場で番組に参加しているので、大きくハメを外すことも許されません。しかし、バラエティ番組ではタレント顔負けの面白いリアクションを求められるため、自己プロデュースをどこまで踏み込んでやればいいのか、判断が難しいポジションといえます。

自社サイトの運営の中でも、局アナと同じように難しい立場で仕事をしている人が多くいます。それは、メーカーの自社サイトの運営者です。会社の看板を背負ってネットショップを運営しているので、ハメを外したユニークな販促企画を展開することができません。また、新規顧客獲得のためのセール販売や値引き販売も、卸先との関係上、実行するのはほぼ不可能といってもいいでしょう。ほかにもFacebookやTwitterなどもいちいち上司の許可を得なければアップできないなど、厳しい条件の下、ネットショップ運営を強いられている大手企業の運営者は少なくありません。

メーカーとしての強みをうまくアピールしよう

このような厳しい“縛り”のルールの下で自社サイトを運営する場合は、メーカー直営という“安心感”をアピールすることをおすすめします。たとえば、ほかのネットショップでは提供できない、メーカーならではの商品保証をつけて販売してみるのもいいでしょう。また、メーカー直営サイトだけの限定商品を販売したり、型番遅れの在庫品を販売したりするのも面

白いと思います。

組織が大きく、フットワークも悪いため、SNSを活用した販促にはあまり力を入れず、コンテンツを充実させて、検索エンジンから確実に新規顧客を獲得していく販促手法のほうが「局アナ」タイプの自社サイトには適しているといえます。

難しいポジショニングでの販促を強いられると思いますが、逆を言えばメーカーにしかできないユニークなコンテンツを充実させることが可能です。「局アナ」にもファンがたくさんいるのと同じで、メーカー直営サイトも必ずファンを作ることができます。諦めず、メーカーならではの売り方を模索していきましょう。

メーカー直営の自社サイトがやってはいけないSNSやブログの使い方

☑ SNSやブログで宣伝や情報だけを配信する

SNSは人と人との交流の場。そのような場で広告のようなつまらない情報を発信し続けても販促効果はない。むしろ、ファン客が離れていく要因にもなる。「面白い」「役に立つ」「お得だ」と思われるような"続きが見たい"継続性のあるコンテンツを投稿して、お客さんにファンになってもらえる情報発信を心がけよう。

☑ SNSもブログも同じ内容

SNSとブログでは役割が違う。同じ情報が流れていると「手を抜いている」とお客さんに思われてしまい、逆効果になる場合もある。ブログはお客さんに検索でヒットしてもらえるように「悩み事」をテーマに書く。また、お客さんが実店舗に来てくれたエピソードを写真付きで紹介すると、商品を購入するイメージが湧きやすくなる。一方、SNSはFacebook、Twitter、Instagramで発信する情報を別々にする。売り手のキャラクターを全面に打ち出したFacebook、最新情報を意識して発信をするTwitter、写真でお客さんを魅了するInstagramなど、それぞれのSNSの役割を意識した情報発信が求められる。

☑ 担当者に全権がない

わざわざ上司に許可を取るようなSNSやブログでは、スピーディに情報をお客さんに届けることはできない。情報発信の自由度とスピードがなければSNSやブログを使う意味がない。会社の方針を変えることはできないので、手間をかけずに無難な内容で情報発信をするようにすること。会社名や商品名を文章の中やハッシュタグに入れて、最新情報を発信するだけでも多少の販促効果は表れる。

副業や片手間で、ちょっと稼ぎたい。「地下アイドル」タイプ

規模は小さくても確実に利益が出せるビジネスはある

「地下アイドル」とは、メディアにはほとんど露出せず、ライブやイベントなどを中心に活躍するアイドルのことをいいます。ごく一部のマニアックなお客さんを相手に活動する彼女たちに対して、世間の目が厳しいのも事実です。しかし、身近な存在ということもあり、ライブハウスに行けば直接会うことができるし、握手をしたりすることも可能です。ファンと一緒に楽しめるライブの光景を観ると、有名タレントに負けないぐらいの盛り上がりを見せてくれるのも、地下アイドルならではの魅力といえます。

このような、規模は小さくても、お客さんに熱狂的に支持される地下アイドルは、同じく規模が小さくて少数のファン客に支持される自社サイトの運営と非常によく似ています。趣味のアクセサリーだったり、一部のマニアにしかわからない専用パーツだったり、売上は小さくても、確実に利益が出せるビジネスは、じつは自社サイト運営にはピッタリの商材といえるのです。

最初から手を抜かずに、売れるページを徹底的に作りこむ

このような地下アイドルタイプの自社サイトを成功させる秘訣は、オープン前に徹底的に売れるページを作り込むことです。小規模の自社サイトを立ち上げた人は、お金と時間がないので、適当にサイトを作ってしまいます。しかし、一度運営が始まってしまうと、忙しくて手直しができなくなってしまい、中途半端な状況のままネットショップで商品を売り続けてしまいます。そのような八方ふさがりの状態にならないためにも、最初か

ら手を抜かず、売れている他社サイトを参考にしながら、戦闘力の高いサイトをオープンと同時に作りあげることを心がけたほうがいいでしょう。

また、いろいろな販促に手を出さないことも重要です。もし、継続して作業を続けるとすれば、ファン顧客を作りやすいSNSと、検索対策のためのブログの更新ぐらいに日々の作業は留めたほうがいいと思います。特に最近ではSNS経由で自社サイトに流入してくるお客さんが急増しているため、自社サイトとSNSの戦略はセットだと思って取り組んだほうがいいでしょう。

現時点では、地下アイドルという厳しい立場の自社サイトかもしれませんが、売れ始めればメジャーデビューも夢ではありません。また、「副業として、ちょっと趣味として稼げればいいや」というのであれば、ランニングコストのかからない地下アイドルタイプの自社サイト運営は最適といえます。

売上よりも、その商品を購入してくれるお客さんが喜んでくれる姿が自分の仕事のやりがいにつながるのであれば、規模を拡大せずに運営できることも、自社サイトの魅力でもあるのです。

最初から売れるネットショップを作り込もう！
繁盛する自社サイトの「トップページ」と「商品ページ」の構成

トップページ

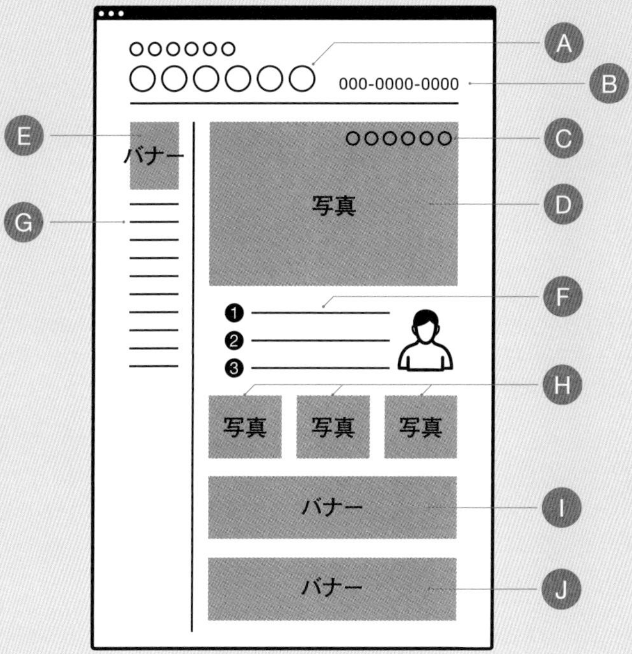

A 店舗名はシンプルに。「掃除機卸値センター」「鉄道模型デパート」など、お得感があり、なおかつ検索されるキーワードが入っている店舗名が理想。ショルダーのキャッチコピーには「品ぞろえナンバー1」などの店舗の特徴を入れてみよう。

B お店の電話番号はわかりやすく大きく掲載。サイドやフッターにも電話番号を記載する。

C 写真に文字を載せる場合は、短めのキャッチコピーで、できるだけ写真を邪魔しないようにレイアウトする。

D ネットショップがビジュアル的に「何のお店か?」がすぐに理解できるような写真を大きく掲載する。

E 一番お客さんの目につくバナー位置。卸販売や大量購入の対応バナー、または実店舗の案内を大きく載せる。

F このネットショップが競合他社と違うポイントを3つ、箇条書きで書く。「検品が2人体制」「すべて国内生産で、スタッフは職人ばかり」など、他社では真似できないポイントを書く。店長や社長の写真も、ここで見せたほうがいい。

G サイドバナーには、お役立ちコンテンツを記載。たとえば、掃除機の販売サイトの場合、「掃除機の価格」「掃除機の性能比較」「掃除機の種類」など、掃除機に関するコンテンツを充実させる。このコンテンツ制作により、SEOも強化されて、お客さんにも安心感を与えることができる。

H 売れ筋の商品を並べる。掲載数は多いに越したことはないが、下のバナーコンテンツを見せるのであれば、1～2段ぐらいの商品掲載で控えたほうがいいだろう。かんたんなキャッチコピーを添えることも忘れずに。

I イチオシの商品や、セール商品などを掲載。派手なバナーを作って、クリックされるような注意を引くデザインにする。「このバナーをクリックして、その向こう側にあるページが見たい!」とお客さんに思わせるバナーを作ることが理想。

J セール情報以外にも、ユニークな企画や商品紹介など、お客さんにとって付加価値を高めるようなコンテンツは、大きなバナーを設置して誘導する。

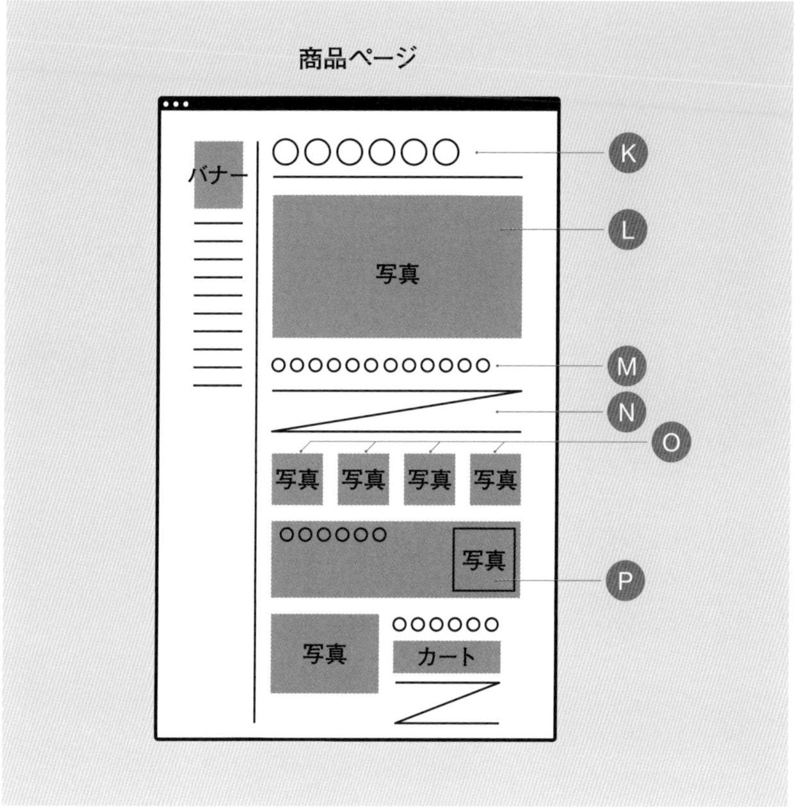
商品ページ
バナー
写真
K
L
M
N
O
写真
写真
写真
写真
写真
P
写真
カート

K 商品ページに入ってから真っ先に見えるキャッチコピーは、商品を説明する言葉ではなく、スクロールして続きを見たくなるような言葉にする。たとえば、「大きなコロッケできました」では興味は持たれないが、「苦節10年、やっとできた巨大コロッケ見てください」ならば興味を持ってスクロールしてもらえる。

L 商品ページのメインカットは、その商品を使っている光景の写真のほうが購入意欲が湧きやすい。たとえばソファベッドであれば、ソファベッド単体のカットよりも、ソファベッドで寝て、くつろいでいる人のカットのほうが、購入後をイメージさせやすくなる。

M 商品の興味を引いたKのキャッチコピーとは違い、商品の性能をわかりやすくひと言でまとめたキャッチをここに書く。

N 商品の説明文を書くのではなく、「欲しい」と思わせる文章を書く。

O 商品のディティール写真はできるだけ多く載せる。

P 商品の最大の特徴となるポイントは、別コンテンツにして、写真を添えてわかりやすく解説。ここで動画コンテンツを見せるのも一手。

ここがポイント!

35～38ページで解説したレイアウトは、自社サイトのトップページと商品ページの構成です。これは基本形のレイアウトになりますので、商品によって独自でカスタマイズしていく必要があります。最近はスマホサイトからの流入が多いため、PCサイトしか保有していないネットショップの場合は、あまり細かく作り込まずに、わかりやすくシンプルなデザインで作るのが主流になっています。ただし、今後、スマホサイトがなければ検索結果にも様々な影響が出てきますので、早い段階でスマホサイトは構築しておいたほうがいいでしょう。

エース級タレントの影で がんばるしかない。「ジャニーズ」タイプ

複数店舗運営型のネットショップでは、自社サイトの運営が“片手間”になりがち

多くの人気アイドルを抱えるジャニーズ事務所。かつては「SMAP」や「嵐」など、エース級のタレントが数多く所属していて、いまでもテレビ番組でジャニーズのタレントを観ない日はないといってもいいぐらいです。しかし、テレビに出演できるタレントはごく一部。ほとんどのタレントはバックダンサーとして踊ったりするだけで、名も知られない芸能人として活動しています。そうやってテレビに出ていない数多くの若手タレントを養っていけるのも、やはり先述したエース級の人気アイドルを抱えて、そこからの収益があることが大きいといえます。

ジャニーズ事務所と同じタイプになるのが、楽天市場やAmazon、Yahoo!ショッピングで売上のほとんどを叩き出す複数店舗運営型のネットショップです。彼らは驚異的な売上をモールで作ってしまうこともあり、どうしても自社サイトの運営が“片手間”になってしまいます。人と時間とお金があれば、確実に稼いでくれるモール型の店舗に投資してしまうため、自社サイトは放置状態になってしまうのです。

このような、ジャニーズタイプの自社サイトは、「とりあえずやっておこう」という、オマケみたいな存在で扱われるケースが多いです。ジャニーズ事務所で言えば、まさにバックダンサーのジャニーズJr.のような存在。しかし、同じようなタレントの、同じようなコピーの存在のタレントになっても、やはり爆発的に売れることは望めません。なぜならば、似たようなタレントであれば、やはり有名で人気のあるタレントのほうにファンは流れてしまうからです。

これは、自社サイトとモールの店舗を並行して運営しているネットショップと同じ事情になります。楽天市場のコピーサイトを作れば、当然、お客さんは楽天ポイントがついたり、送料が安い楽天市場で商品を購入します。同じ価格であれば自社サイトで商品を買うはずがありません。また、自社サイトは独自の集客方法を確立していかなければいけないので、“楽天市場の真似ごと”のような売り方では、アクセス数が稼げない自社サイトはモールの“オマケ”のままで終わってしまうのです。

個性を出していけば、今よりも売上を伸ばせる可能性は十分ある

華々しいデビューを自社サイトにさせたければ、まずビジネスモデルを大きく変えることです。たとえば、楽天市場がBtoCのビジネスモデルであれば、自社サイトはBtoBに特化したりするのも一例といえます。もちろん、ビジネスモデルを変えると手間と時間は余計にかかりますが、世の中で手間と時間をかけずに売れるようなうまい話はありません。ネットショップは、システムで同時管理することが可能なために、複数サイトを並行運用できるように思われがちですが、じつは客層と集客パターンがそれぞれ違うため、まったく違った戦略をそれぞれに立てなければ売上を伸ばすことはできないのです。

「自社サイトは、楽天市場ほど売れないんだよね」

そう言ってしまうのは、自社サイトが売れないのではなく、楽天市場がエース級のタレントのような存在となってしまい、驚異的に稼いでくれるから、自社サイトを本気で運営する気力がなくなっているからなのです。

しかし、楽天市場やAmazon、Yahoo!ショッピングで売上を伸ばすことができたネットショップであれば、運営者のビジネススキルが高いはずです。積極的に自社サイトを運営していけば、必ず今よりも売上を伸ばすことができると思います。

最近では、ジャニーズ事務所のタレントでも、天気予報士の資格を取ったり、小説家になったり、生き残りをかけて個性化していく流れが出てきています。それと同じで、自社サイトもモール店舗と差別化を図りながら、個性を出して売っていかなければいけない時代になったのです。

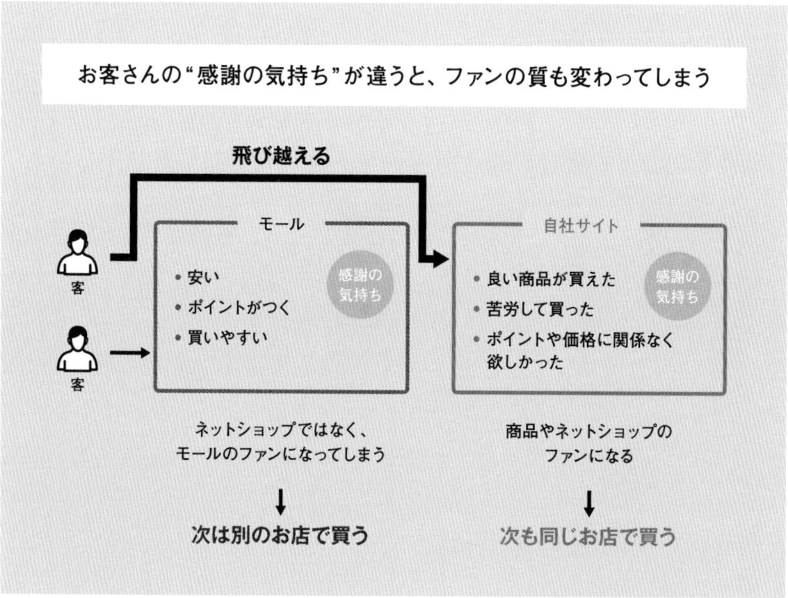

初級編

月商0円から最速で月商50万円を狙うための即効ノウハウ

「えっ、月商がたった50万円!?」そう思うかもしれませんが、集客が弱い自社サイトの場合、初心者は無理せず、このくらいの売上を目標にして戦略を立てたほうが現実的です。ノウハウや理屈を語るよりも、「今すぐ、最もかんたんな方法で売上が欲しい!」という欲張りな人向けに、実践的なノウハウばかりを集めました。

最もかんたんなリニューアル「電話番号を大きく掲載する」

伝えたいことを文章化するのは、お客さんにとって手間と時間がかかること

電話番号を小さく載せているネットショップは多いと思います。会社概要だったり、ページの隅っこだったり —— おそらく「電話がかかってきたら、対応するのが面倒だから」というのが、おもな理由だと思いますが、ちょっとその考えを改めましょう。

まず、お客さんが細かい内容の問い合わせをする際、わざわざ文章で表現するのは非常に面倒だったりします。商品の使い方や性能など、伝えたいことをわかりやすく文章化することは、思いのほか手間と時間がかかる作業なのです。まして、急いでいるときや、キーボードやスマホで入力するのが苦手な中高年のお客さんの場合は、できればパッと電話をかけて、パッと言葉にして話したほうが、ラクな状況が思いのほか多いはずです。

そう考えると、ネットショップのあちらこちらに電話番号がわかりやすく掲載されているほうが、利用者にとって便利なはずです。トップページや買い物かごのそば、ページのヘッターやフッターなど、あらゆるところに電話番号を掲載することは、それだけ購入の機会損失を防ぐことにもつながるのです。また、モールでは、基本的には自社の電話番号を載せて積極的に注文を取ることは課金抜けの恐れがあるのでご法度になっています。その点から考えても、「電話で注文できる」「電話で問い合わせができる」というのは、自社サイトの大きなメリットといってもいいと思います。

注文が少ない段階で「電話が面倒」といっていたら、成長など期待できない

「でも、少ない人数で運営しているから、電話対応は面倒なんですよ」

そのような話をよく自社サイトの運営者から聞きますが、“面倒”という理由だけで注文を逃してしまうことは、本末転倒といえます。そもそも、売上が伸びたらもっと面倒なことがたくさん待ち受けているので、注文が少ない段階で「電話が面倒」といっていたら、それこそ成長が期待できないビジネスモデルといえます。

序章でも述べたとおり、自社サイトの集客は本当に困難を極めます。そのことを理解したうえで、多少面倒でも、お客さんとの接触チャンスを少しでも増やさなければ、売上を伸ばすことはできないのです。「電話で対応する」というのは、アナログで非常に面倒な作業になります。しかし、それが自社サイトのウリになり、他店との差別化になるのであれば、積極的に電話で対応できる体制を整えることも、売上アップの大切な施策になります。

スマホからの注文が増えているのであれば、電話番号を積極的に自社サイトに掲載することは、最も有効な“スマホ対策”といえます。アナログな手法ではありますが、売上に反映されやすいかんたんな売上アップの改善策なので、ぜひ実践してみてください。

ここがポイント！

電話番号は大きく目立つように書いたほうがいいでしょう。携帯からの電話も想定して、スマホサイトの電話番号表示はワンプッシュでかけられるようにしておくことも大切です。また、電話番号の上に「電話注文大歓迎」「電話で女性スタッフが丁寧に解説します」などのキャッチコピーを入れると、お客さんは電話がかけやすくなります。
24時間体制で電話対応ができるのであれば、携帯番号を大きくトップページに掲載して、積極的に注文や問い合わせを受けるのもいいと思います。売り手側のやる気とスピード感が伝わるため、掲載するだけで売上増につながるケースもあります。

電話の注文や問い合わせのチャンスを積極的に作る

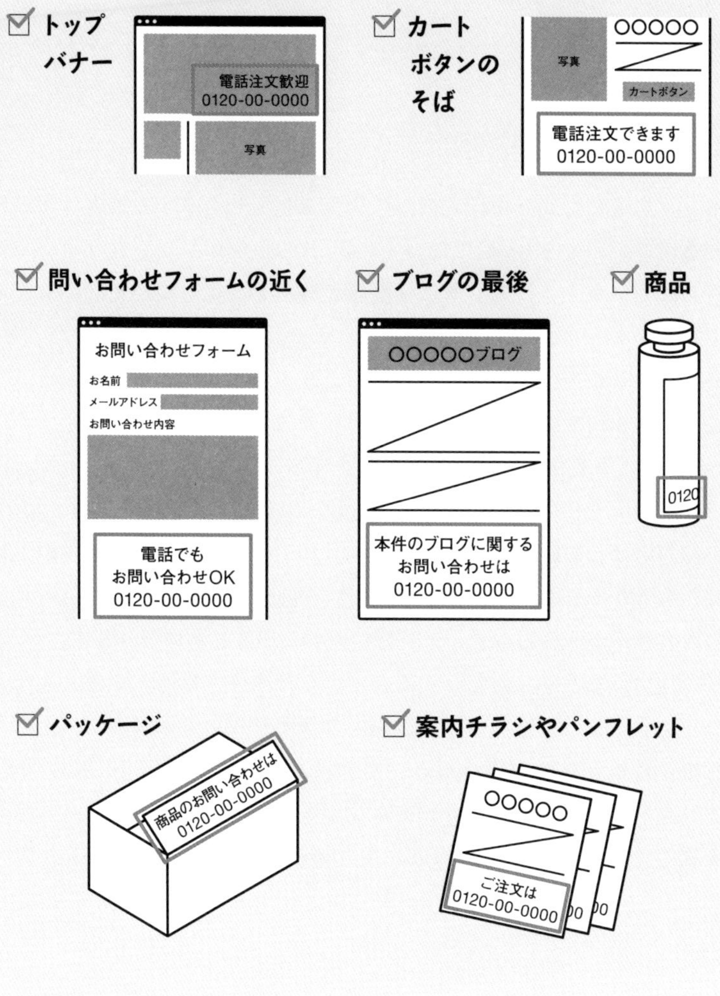

でっかい取引先を釣り上げろ！
卸や仕入れ対応は、売上アップの特効薬

法人の業者は安定収入になりやすい

ネットを通じて商品を仕入れたり、大量購入したりするお客さんが増えています。いわゆるBtoCではなく、BtoBの取引がネットショップで盛んに行われています。従来であれば問屋を経由して探していた商品も、ネットで検索をすれば、自分たちで安く大量購入できるようになったことが、仕入れルートに変化が生じた要因といえます。

このような時代背景を考えれば、自社サイトで商品の卸対応をすることは、大量注文を受ける絶好のチャンスを作ることになります。モールも法人向けに卸販売を展開していますが、BtoCのイメージが強いため、「大量注文や卸対応はしていない」と思われてしまい、早い段階でBtoBの取引先の候補から外れてしまいます。そうなると、自社サイトこそ、卸対応や大量購入のお客さんが獲得しやすい、絶好の売場ということになります。

卸の注文はまとまった量が入るので、自社サイトにとっては大きな売上になります。また、法人の業者は思いのほかリピート率が高く、担当者も引き継がれるケースが多いため、安定収入になりやすい利点があります。ダイレクトメールを出したり、メルマガを発行したりすると、高い確率で目を通してくれるので、卸対応専用の販促にも力を入れてみるといいでしょう。

お客さんは「その商品を仕入れて、どれだけ売上が伸びたか？」を知りたがっている

卸対応の施策は難しくありません。トップページの目立つところに「卸

対応やっています」「大量注文大歓迎」というバナーを貼り付けて、卸対応専用のページを作るだけでOKです。また、卸や大量注文をした人の感想をそのページに掲載すると、法人でまとめ買いをする安心感が生まれて、さらなる売上アップが望めます。

ただし、お客さんに訴求するポイントは、BtoCの売り方と少しだけ違います。商品を大量にネットから購入する企業は、仕入れた商品によって次のどちらかを強く意識します。

・売上が伸びた。
・経費が削減できた。

つまり、その商品が良かった悪かったというよりも、仕事で利用して「どれだけ売上（利益）が伸びたのか」「どれだけ経費が削減できたのか」という“結果”を意識しているのです。

会社の経費を使って仕入れる商品なので、「売上」か「経費削減」というメリットを強くページで提示することが、卸対応のページづくりのコンテンツづくりには求められます。商品を仕入れて売上が伸びた事例や、経費が削減できた事例などを「お客様の声」として掲載することが、卸先をネット上で探している人にとって「このネットショップから仕入れたい」と思わせる魅力的なコンテンツになります。

また、最近では法人向けの取引先をネット上のコンテンツから集客して顧客化していくMA（マーケティングオートメーション）という手法を用いる企業も増えています。ネットショップでBtoCの顧客化の実績がある企業は、MAを活用してBtoBの売上を伸ばしていく施策を展開してみるのもいいでしょう。

大量注文が取れるBtoB専用ページの構成

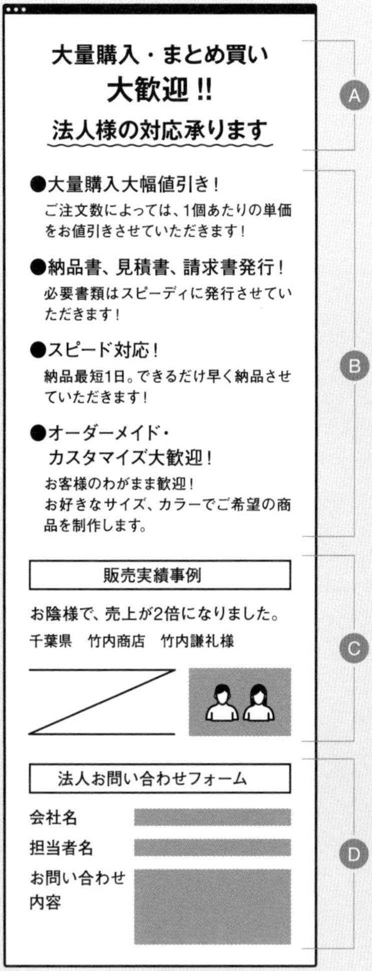

A 法人対応を積極的にやっている雰囲気を出すために大きく掲載。派手目に作るのがポイント。

B この4つのコンテンツは必須。具体的な値引き率や納品スピードを提示すると、より法人客の食いつきは良い。

C 販売実績は、実際に商品を仕入れた人を取材。会社名、本名、顔写真があったほうが、情報に真実味が出る。また、「商品が良かった」という当たり障りのないコメントよりも、「その商品を仕入れて売上が伸びた」「その商品を使うことでコストが3分の1になった」などの、商品の仕入れに明らかにメリットがあることをしっかり伝える。

D 問い合わせフォームはシンプルに。ただし、BtoBは特殊な注文が多いため、口頭での説明のほうが伝わりやすい。できるだけ電話注文に流したほうが得策。なお、パンフレットやカタログを注文させて見込み客を集めて、後から電話で営業をかけてみるのも一手。

お客さんが来ないなら、まずはブログを書こう

最初のうちは1記事500字ぐらいを目標に、1500～2000字ぐらい書けるようになることを目指して

SNSに押され気味なブログですが、自社サイトの集客手法としては、まだまだ効果の高いツールといえます。ブログの記事を書けばページ数が増えるので検索に引っかかりやすくなりますし、検索経由で新規顧客が増えることは集客力の乏しい自社サイトにとって貴重な「お金のかからない売上アップ方法」のひとつといえます。また、スタッフのキャラクターも表現しやすく、ファンづくりの情報発信ツールとしても活用することができます。文章力や表現力のスキルアップにもつながるので、ネットショップを始めたばかりの人は、コツコツとブログを書き続けることが売上アップの最速の戦略といえます。

ブログの内容はできるだけ検索キーワードを意識して書くようにしましょう。「自分のサイトが、どのような検索キーワードで調べられているのか」を考えながら書くと、より集客力の高いブログになります。文字数に関しては、理想は1記事1500～2000字ぐらいあったほうがいいでしょう。しかし、初めてブログを書く人が、いきなりその文字数で書くのは大きなストレスになります。ブログは書き続けることが大事なので、最初のうちは500字ぐらいを目標にして、少しずつ文字量を増やしていくようにしたほうがいいと思います。

できるだけ「人」を全面的に打ち出す

内容に関しては、お店やスタッフの裏話的な話がお客さんを引きつけま

す。写真や動画などを織り交ぜながら、楽しい話を書くように心がけましょう。特にスタッフが写真付きで登場するブログは、お客さんも親近感を持ってファン客になりやすいコンテンツといえます。できるだけ「人」を全面的に打ち出すような記事を意識して書くようにしましょう。

ネットショップ運営は最終的には「伝える力」によって売上が決まります。「この商品は良い商品だ」ということが伝われば、必ず商品は売れるのです。しかし、ネットショップはおもに「文章」と「写真」によって構成されているため、商品の良さを伝える「文章」が下手だと商品は売れなくなってしまいます。そういう意味でも、売上と文章力は比例するところがあるので、ネットショップ運営者はブログを書き続けて、文章のレベルを上げていかなければいけません。

ここがポイント!

独自ドメインでオリジナルのブログを制作しても、FC2やアメーバなどのブログサービスを利用しても、SEOの差はほとんどありません。ただし、自社サイトのSEO効果を期待するのであれば、やはり同じドメインのもので、オリジナルのブログを制作したほうがSEOの効果は高いといえます。カテゴリーに入れるキーワードも検索の対象になるため、どのようなカテゴリーでブログを書くのか事前に決めておいたほうがいいでしょう。無理のない更新頻度と文字量で、まずは書き続けることを目標にブログを始めてみることをおすすめします。

お客さんをファンにさせるブログの作り方

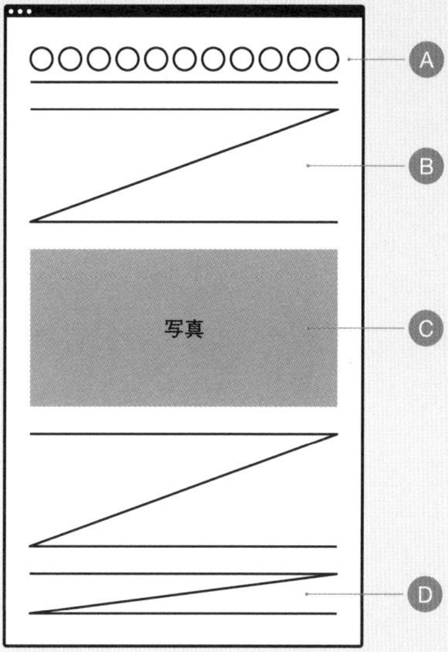

A タイトルは、興味を引く内容をシンプルに。「今日はスタッフと寒中水泳しました」「湯豆腐にチョコレートをかけたら……」など、中身を読みたくなるようなタイトル名をつけること。
逆に、芸能人ブログのような「今日は寒い」「おなかいっぱい」などの抽象的なタイトルは、読む気が起きなくなってしまうのでつけてはいけない。あくまで「ファンづくり」「読み続けてもらうこと」を目的にタイトルを書く。

B 文章量は、最初は500字ぐらいでOK。その後、文字数を増やしていく。文章の中でも、極力、検索キーワードを意識して書くことを心がけよう。ただし、極端に検索キーワードを意識して入れすぎてしまうと、スパムブログだと思われるので注意。
文体はできるだけフランクな話し言葉で書いたほうがいい。難しい専門用語を使う解説文は避けて、友達に手紙を書くようなラフな文章で書いたほうがファンはつきやすい。

C ブログの写真は、クオリティよりもライブ感を重視。生々しい写真であればあるほど、お客さんの注意を引く。スタッフが出てくる笑顔の写真や、お客さんが笑っている写真は、ブログ全体を明るくしてくれる。
逆に、あたりさわりのない広報写真や、平凡な風景のカットなどは、興味が薄れてしまうので、ブログではあまり使わないほうがいい。
最近ではブログの中に動画を挿入するケースも増えている。商品の制作風景や商品を使用している動画など、スマホで1～2分以内で撮影した簡易的な動画で十分なので、動きのあるコンテンツをお客さんに見せて購入意欲を湧かせてみるのもいいだろう。

D 最後にホームページのURLや問い合わせメール、電話番号の表記を忘れないこと。

即効性抜群！ すぐに売上が伸びる自社サイトのキャッチコピー術

ネットショップはお客さんに、すぐに**「これは、あなたにとって必要な商品である」**と理解させる必要があります。なぜならば、ネットショップは競合が多く、ワンクリックですぐにライバルの店舗に飛んでいってしまうからです。このような見込み客の離脱を防ぐためにも、ネットショップでは、一瞬で商品のメリットを伝える「キャッチコピー」を強化しなくてはいけません。

商品説明ではなく、「買いたい」とイメージさせることが重要

キャッチコピーづくりで陥りがちなミスは、商品を説明している文章を書いてしまうことです。たとえば、高性能なボールペンがあった場合、キャッチコピーを「書きやすいボールペン」と書いてしまうと、商品の性能を説明しているだけになってしまい、その商品をわざわざ購入するメリットがわかりにくくなってしまいます。それよりも、

「仕事の効率がアップするボールペン」
「書き味が高級万年筆と同等のボールペン」

などと書いたほうが、具体的なメリットが伝わり、商品に対しての興味を湧かせやすくなります。このように、キャッチコピーは商品の特徴を短く伝えたり、説明したりする文章ではなく、その商品を「買いたい」とイメージさせることのほうが重要になるのです。

文字数は25～40字ぐらいを目処に

ただし、興味を持ってもらうことに意識が向きすぎてしまい、いろいろな言葉を入れすぎて長文のキャッチコピーになってしまうケースが多々あります。長文のキャッチコピーは販促効果が非常に鈍くなってしまうため、できるだけ言葉を削ることを意識して、短文のキャッチコピーを作ることを心がけなくてはいけません。

なお、文字数に関しては20字×2行ぐらいを目処に書くようにしてください。日本には15～20字前後で折り返して読む雑誌や書籍が多く、そのくらいの文字数が日本人が最もテンポ良く読める文字量といえます。

キャッチコピーの改善にはお金はかかりませんし、効果もすぐに表れます。初心者向けの改善策でもありますので、ぜひ一度、自社サイトのキャッチコピーを見直してみてください。

「売れるキャッチコピー」は3つのブロックに分けると作りやすい

	引き	特徴	説明
(例)	ワンちゃん大好き	無添加の	ドッグフード
(例)	構想3年	イタリアンシェフも驚いた	幻のマカロン
(例)	片手でOK	ワンルーム用	軽量そうじ機

文章を書くことが苦手な人でも、売れる商品説明文はすぐに書ける

“購入後”をイメージさせること、主語を“自分”にして書くのがポイント

文章というのは「気持ち」で書くものです。気持ちを乗せればその分伝わりますし、気持ちが乗らなければ第三者にはまったく伝わりません。人と人とのコミュニケーションが「言葉」である以上、そこに気持ちを込めなければ、やはり人に思いを伝えることはできないのです。

あなたがネットショップの商品説明文を書く場合も、「この商品の良さをわかってほしい！」「この商品を、ぜひ買ってほしい！」という強い思いを込めて、文章を書かなくてはいけません。上手に書こうとか、かっこよく書こうとか、そういうことはあまり考えなくてもいいです。まずは、「文章に気持ちを乗せる」ということを意識して、商品説明文を書くようにしましょう。

商品説明文に売り手側の気持ちを乗せる方法は、

「この商品を買ったら、○○になりますよ」

と、“購入後”をイメージさせる文章を書くことです。また、

「私は、この商品を使ってみて○○だと思う」
「私は、この商品を○○のように使ってみたい」

というように、主語を“自分”にして文章を書くようにすれば、自ずと気持ちのこもった文章になります。

「売り手側しか知らない情報」を積極的に織り込もう

一方、商品説明文だからといって、ストレートに「説明文」を書いてしまうと、販促の効果は半減してしまいます。商品をいくら言葉で理解させても、「欲しい」という気持ちにならなければ、買い物かごに商品を入れてはくれません。カタログやパンフレットに書いているようなセールス文章ではなく、商品の感想を生々しくレポートする文章を書くことが「買ってくれる文章」には必要なのです。

自社サイトの場合、お客さんがGoogleやYahoo!の検索エンジンを経由して、商品のより深い情報を求めてやってきます。つまり、「買いたい」という気持ちと「知りたい」という気持ちの両方を持ち合わせたお客さんがネットショップを見に来るので、どうしても、自社サイトの商品説明文は、内容を深く掘り下げたもののほうがよく売れるのです。そのような事情を考えれば、自社サイトの場合、売り手側しか知らない情報を、積極的に商品説明文に織り込む必要があります。“私しか知らない”という情報が多ければ多いほど、自社サイトのファン客が引き付けられるのです。

なお、ネットショップの文章は長文のほうが検索にも引っかかりやすく、商品情報を求めている人にとっても情報が充実しているため、売上につながりやすいところがあります。もちろん、ダラダラと長い文章を書くのはご法度ですが、起承転結をしっかりつけて、文章の途中でイラストや図解、写真や動画などを織り交ぜながら、できるだけ長くページに滞在してもらえるような構成にすることが、売上につながるページづくりになります。

最近では会話文で商品説明をしたり、インタビュー形式で文章を飽きさせずに読ませたりして、長文を読ませる工夫が多くのネットショップで見受けられます。スマホで閲覧する人が増えていることもあり、文章だけでなく、ページの構成を工夫して長文を読みやすくする傾向が強くなってきています。

気持ちを乗せて文章を書く方法

☑ ネットの文章の「起承転結」は、一般的な「起承転結」と違う

「起」（お得）　「承」（独自ネタ）

「転」（もう1つの特徴）　「結」（買ってね）

☑ この「起承転結」に、「話し言葉の文章」や「○○だと思う」という自分が主語になった文章を挿入する

【例文】

「こんな安くて大丈夫かしら……」たしかに、2畳タイプで108枚入って2940円は安いです。でも、品質は保証付き！　バイヤーが現地の生産地に飛んでいき、メーカーと直接交渉して、とってもお得な価格を実現することができました！　なんといっても最大の特徴は、女性でもラクチンに設置できること。これなら、はさみでかんたんにカットして、汚れてもすぐに取り外しができるから、友達のプレゼントで贈ってみるのもいいかも。防水性も高く、水拭き、水洗いもできるから、利用場所を選びません。この価格では、近所のホームセンターではまず売っていないと思いますので、持ち運びがラクラクなネット通販専門の当店でぜひ！

「起」（お得）

「承」（独自ネタ）

できるだけ自分の「思い」を書くことが重要

カタログやチラシではわからないことを書く

「転」（もう1つの特徴）

「結」（買ってね）

写真のクオリティで、自社サイトの勝負は8割決まる

まずは写真を撮ることに興味を持つことが大切

ネットショップの印象は、写真のクオリティでほぼ勝負が決まってしまうところがあります。「戦略が大事」だとか「商品力が大事」だとか御託を並べても、結局はお客さんの第一印象となる写真の出来不出来で売上は決まってしまうのです。見た目で「欲しい」と思わせるような写真でなければ当然売れませんし、汚い写真や興味の湧かないような写真を見せてもお客さんは「買いたい」という気持ちになってくれません。極論を言えば、多少ネットショップのデザインのレベルが低くても、写真さえ100点満点の出来であれば、その商品は売れてしまうのです。

自社サイトの売上が伸びない場合、まずは写真のクオリティを上げることから改善していくのも一手です。競合他社で売れているネットショップを参考にしながら、自分で写真を撮ってみることから始めてみましょう。売れているネットショップの写真の構図やアングルなどを意識して見てみると、その写真をお客さんに見せる意図や売れている理由がわかってきます。そのような“見せ方”を学ぶことで、少しずつ写真のセンスが磨かれていくのです。また、この段階では露出や絞り、ホワイトバランスなどの技術的なことはあまり意識しなくてもいいです。それよりも、写真を撮ることに興味を持つことのほうが大切です。そうすれば、「もっといい写真が撮りたい」という気持ちが強くなり、ネットで検索したり、本を購入したりしながら、自然とより良い写真の撮り方を学んでいくようになります。

プロに依頼するかは慎重に検討して

しかし、写真が重要だからといって、プロのカメラマンに依頼するかどうかは慎重に検討したほうがいいと思います。プロのカメラマンはキレイな写真を撮ることはできますが、お客さん目線の「買いたい」という気持ちを湧き立たせてくれるような生々しい写真を撮るのは得意ではありません。また、撮影料も決して安くはないので、プロのカメラマンに撮影を依頼すると、利益を圧迫しかねないところがあります。写真撮影はそんなに難しいテクニックではないので、独学で試行錯誤を繰り返しながら、セミプロ並みの写真を撮っていくスタイルのほうが自社サイト運営には適していると思います。

商品のイメージをガラリと変える、ちょっとした撮影小技ベスト5

☑ その1　商品を斜めにして撮影する

Before　After

真正面に撮影すると、“つまらないもの”という印象を与えてしまう。斜めにして撮影すると、立体感が生まれて、実物の商品をイメージしやすくなる。

☑ その2　商品を横から撮影する

Before　After

真横から撮影すると、背景紙と商品の間に空間が生まれて、商品に立体感が生まれる。

その3　カメラを斜めにして撮影する

Before

After

カメラを水平にして撮影すると平凡な写真になってしまうが、斜めにして撮影すると迫力が出てメッセージ性のある写真になる。

その4　背景を演出する

スイーツであれば、背景にコーヒーを置くだけで、ティータイムのような高級感のあるイメージをお客さんに伝えることができる。

その5　食品は食べる瞬間を撮影する

今すぐにでも写真から飛び出してきそうな写真を撮影すると、お客さんに「食べてみたい」という気持ちを湧き立たせることができる。

ここがポイント！

商品写真は専用の撮影キットで撮ったほうが、何倍もクオリティの高い写真を撮影することができます。株式会社ミジンコの「王様の撮影キット」は、コンパクトなサイズで設営もかんたん。すべてがオールインワンになっているので、余計に買い足す機材がほとんどありません。しかも、購入後に写真撮影に関する無料のアドバイスをもらえるサポート付きなので、写真撮影に困っているネットショップ運営者にはおすすめです。今回、本書で紹介したような写真撮影のノウハウもホームページに多数掲載されているので、一度チェックしてみることをおすすめします。

【情報提供】株式会社ミジンコ「王様の撮影キット」
http://www.netshop-set.com/

初級編 | CHAPTER 07

写真をたくさん掲載すれば、商品もたくさん売れる

お客さんの買い物への不安を解消させて、使っているイメージを湧かせる

ネット通販は商品を手に取ることができないので、お客さんは不安な気持ちでページを閲覧している状況です。その不安な気持ちを少しでも解消させてあげるためには、写真をたくさん見せてあげることが効果的です。

たとえば、マグカップの写真であれば本体の写真だけではなく、カップの表面の材質の写真や、持ち手のところの写真、カップの裏側やデザインのアップなど、「こんな写真まで掲載する必要あるの？」というところまで写真を掲載してあげると、お客さんの買い物への不安は少しずつ解消されていきます。

また、商品の紹介写真だけでなく、使っているイメージを湧かせるカットも必要になります。先述したマグカップであれば、オープンカフェの机の上に置かれているカットや、オフィスの休憩時間を連想させるカットなど、「この商品を使ったらこうなるんだな」というイメージを湧かせるカットは、購買意欲を高めてくれるので、直接購入につながるコンテンツになります。

店舗の外観、店内、スタッフの写真もたくさん掲載しよう

商品以外の写真もたくさんネットショップに掲載するようにしましょう。特に自社サイトの場合は、店舗の外観や店内の写真を掲載すれば「実店舗で商品を購入したい」という人をネットショップから誘導できるようになりますし、ネットショップでしか商品を買わない人にとっても安心感

につながります。また、スタッフの写真に関しても、積極的にホームページに掲載すると、お客さんはさらにお店に対してリアリティのあるイメージを膨らませてくれます。

なお、スタッフや店長の人物写真を撮影する際は、できるだけ笑顔の写真を撮ることを心がけてください。無理してでも笑顔を作らなければ、サイト自体が“つまらないもの”と勘違いされてしまいます。そのため、恥ずかしい気持ちを振り払ってでも、目一杯の笑顔で写真を撮ってください。

掲載する写真の“枚数”にこだわると、サイトの見栄えは非常に良くなります。お客さんのサイトでの滞在時間も長くなり、転換率も向上して、売上に直結していくネットショップになります。

また、写真に小さな文字で説明文の“キャプション”を添えてあげると、お客さんの写真から抱くイメージがさらに膨らみ、購入意欲を高めることにつながります。キャプションを書く際は、写真を見てわかるような当たり障りのないコメントを書くのではなく、写真だけではイメージが伝わりにくい商品の触り心地や味などを書くことが、商品情報としてプラスとなって、購入にまた一歩近づかせることになります。

売れるページづくりから考える写真コンテンツの配置

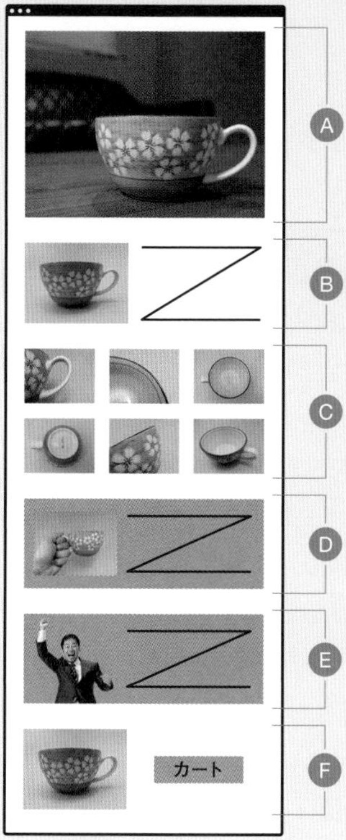

Ⓐ 欲しいと思わせるイメージ写真

商品の雰囲気や世界観、使っている様子などを伝える写真。ページのファーストビューでもあるので、インパクトのある写真で。

↓

Ⓑ 商品全体をイメージさせる写真

イメージを膨らませたところで、商品を冷静に判断させるオーソドックスな写真を置く。メリハリがつくのでスクロールされやすくなる。

↓

Ⓒ 商品の詳細をイメージさせる写真

ディティール写真は多いに越したことはない。いろいろな角度の写真を見せることで、購入者の不安を解消させる。

↓

Ⓓ 商品の使い方や特徴を伝える写真

商品の最大の特徴を、独立したコンテンツとして見せる。この商品を購入するかしないか、最後の“背中押し”になる写真を掲載する。

↓

Ⓔ 売り手の写真

販売者の写真を入れて安心感を与える。大げさなぐらいの笑顔の写真が理想。ここに個人的なコメントを書くと、より購入するイメージを湧かせてくれる。

↓

Ⓕ 再確認のための商品全体写真

商品購入を決断させるときは、余計な写真情報を見せて迷わせてはいけない。冒頭で使ったオーソドックスな写真を見せるのが基本。

自社サイトは「お客様の声」がなければ絶対に売れないと思え

ネット通販では商品を手にすることができないので、購入者は不安でいっぱい

ネットショップで商品を購入する際、「お客様の声」を読む人は多いです。つまり、それだけ商品を購入する前に不安になっている人が多いということになります。ネット通販では商品を手にすることができないため、購入者は不安でいっぱいです。だから、商品を購入した人の感想を読んでから、慎重にネットショップで商品を購入しているのです。特に、楽天市場やAmazon、Yahoo!ショッピングは「レビュー」という形でお客様の声を掲載しており、そこに書かれている商品の評判やコメントが、商品の売れ行きを左右してしまうぐらいの存在になっています。

そう考えると、信頼性の高い大手モールで商品を買うよりも、自社サイトで商品を購入することのほうが、不安でいっぱいということになります。モールでさえあれだけレビューを載せているのに、知名度のない自社サイトにレビューがなければ、お客さんは「この店、本当に大丈夫か？」という気持ちになってしまいます。自社サイトで楽天市場やモール店舗以上の安心感を与えるためには、お客様の声は必須で掲載しなくてはいけません。

モニターサービスや割引サービスを積極的に活用して、お客様の声を集めよう

しかし、実際のところ、多くの自社サイトがお客様の声を載せていないのが現状です。また、載せていたとしても、かんたんなひと言コメント

だったり、購入者のイニシャルによる感想だったり、売上に結びつくようなお客様の声を載せているところはごくわずかといえます。

購入につながるお客様の声には、真実味があることが重要です。お客さんの許可をいただいたうえで、本名で載せて、住所も都道府県ぐらいまでは掲載したほうがいいでしょう。また、商品と一緒に写っているお客さんの顔写真などがあれば、購入見込み客の不安な気持ちは払しょくされると思います。

モニターサービスや割引サービスを積極的に活用すれば、お客様の声を集めることも難しい話ではありません。また、オープンしたばかりで商品が売れた実績がなければ、知人にお願いして無料モニターになってもらってレビューを掲載するのも一手です。

最近ではお客さんが商品を使っている動画や、ユーチューバーに商品を使用してもらった感想の動画をネットショップに掲載する事例もあり、消費者がより生々しい商品レビューを求める傾向が強まっています。

お客様の声を集めることは、お客さんとのコミュニケーションを増やすチャンスにもなり、優良顧客の育成にもつながります。また、お客様の声を多く載せるとテキスト文が増えるので、検索エンジン対策にもなります。お客様の声の掲載はいいことばかりなので、多少面倒でも、積極的にレビューは集めることをおすすめします。

「お客様の声」を掲載するまでの交渉メール文・アンケート文事例

☑ ①「お客様の声」を頂だいするための交渉メール

商品が届いてからのアンケート回収では、レスポンスが悪くなってしまいます。そのため、先にアンケートに答えていただくことを了承してもらい、その後にお客さんにアンケートを送るようにしたほうがいいでしょう。同時に、お客様の声をホームページに掲載する旨をこの段階で了承してもらうことも忘れないでください。

【例文】
この度は商品ご購入ありがとうございます。当店では、現在、お客様からお買い上げいただいた商品の感想を聞かせていただく「期間限定モニターキャンペーン」を実施しております。この企画にご参加していただければ、送料760円を【無料】にてお届けさせていただきます。
お客様からいただいた商品の感想は、今後の商品開発やサービス向上のほかに、「お客様の声」という形で、弊社ネットショップやパンフレットなどで使用させていただく予定です。

☑ ②お客さんへのアンケート事例

「購入前」と「購入後」の両方の感想を聞くと、より購入動機が明確なお客様アンケートを回収することができます。その後、加筆して２つの回答を1つの文章でまとめるようにしましょう。念のために、お客さんには文章を加筆修正する旨を伝えるようにしましょう。なお、こちらからサンプルの写真とアンケート回答文を送ると、お客さんのほうも回答が書きやすくなります。

【例文】
この度はモニターキャンペーンにご参加いただき、まことにありがとうございます。
さっそくですが、下記の質問にお答えいただければ幸いです。

質問1：購入前は、弊社の商品にどのようなイメージを持たれていましたか？
質問2：購入後は、弊社の商品に対して、どのようにイメージが変わりましたか？

なお、いただいた回答はお客様が読みやすいように加筆修正させていただきますので、安心してざっくばらんに思ったことを書き込んでいただければと思います。
また、紙面やホームページ記載用として、お写真を1点お借りできればと思います。もしよろしければ、商品と一緒にお客様が笑顔で写っている写真などをメールで送っていただければ、うれしく思います。文章と写真のサンプルを添付させていただきましたので、参照していただければ幸いです。

恥ずかしくても、スタッフの写真はガンガン出していこう

“人”以外は他店との違いをアピールできない

自分の顔写真をホームページに掲載すると、とても恥ずかしい気持ちになります。「できることなら自分の顔などさらけ出したくない」というのが多くの人の本音だと思います。しかし、自社サイトの場合、その恥ずかしさを振り切ってでも、ガンガンと顔写真を掲載していかなくてはいけません。なぜならば、売り手の“人”で他店との違いをアピールしていかなければ、商品の差別化ができないからです。

冷静になって考えてみましょう。あなたが取り扱っている商品はあなたのお店でしか買えないものでしょうか？　楽天市場やAmazon、Yahoo!ショッピングでも取り扱われている商品かもしれないし、価格もほかのネットショップのほうが安いかもしれません。また、オリジナルの商品だとしても、類似品があったり、代替商品があったり、あなたのネットショップで商品を買わなくてもまったく不自由をしないというのが、今のモノが溢れる時代なのです。

商品の差別化が難しくなっている以上、競合他社との違いを表現していくためには、“売っている人”をアピールしていくしかありません。スタッフの知識の豊富さ、こだわり、面白さ ―― そのような人の魅力で商品やお店を好きになってもらわなければ、価格が安いお店にお客さんはすぐに流れていってしまうのです。

どんなに恥ずかしくても、店長やスタッフは、積極的にネットショップに顔を出して、“人”で商品を売っていく必要があります。恥ずかしいからといって、自分の写真を小さく載せてしまう人もいますが、それこそ本末転倒になってしまいます。むしろ、「商品に自信がないのか」と思われてしま

い、逆効果といってもいいでしょう。腹をくくって、思い切って自分の写真をネットショップでガンガン載せていきましょう。

量も、大きさも、リアクションも“恥ずかしい”と思うぐらいのレベルで

店長やスタッフの写真を載せる際は、自分が“恥ずかしい”と思うぐらい、たくさんの写真を載せることを心がけましょう。そして、自分が“恥ずかしい”と思うぐらい大きく使い、自分が“恥ずかしい”と思うぐらい大きなリアクションをした写真を撮ることが、売上アップのページづくりには必要です。

「モノ」ではなく、「人」で商品を売れるようになれば、リピート率も上がり、息の長いネットショップ運営が可能になります。いくら「商品」にファンをつけたとしても、価格や商品力で差が出てきてしまうと、お客さんはすぐに浮気してしまいます。しかし、「人」にファンをつけると、唯一無二の存在になるため、なかなか離れることができなくなります。ワンクリックですぐにライバルのお店に飛んで行ってしまう平凡な商品を取り扱うネットショップこそ、“人”を全面に打ち出した個性的なネットショップで販売をしていかなければいけないのです。

自社サイトは「キャラクターゾーン」で戦わなくては生き残れない

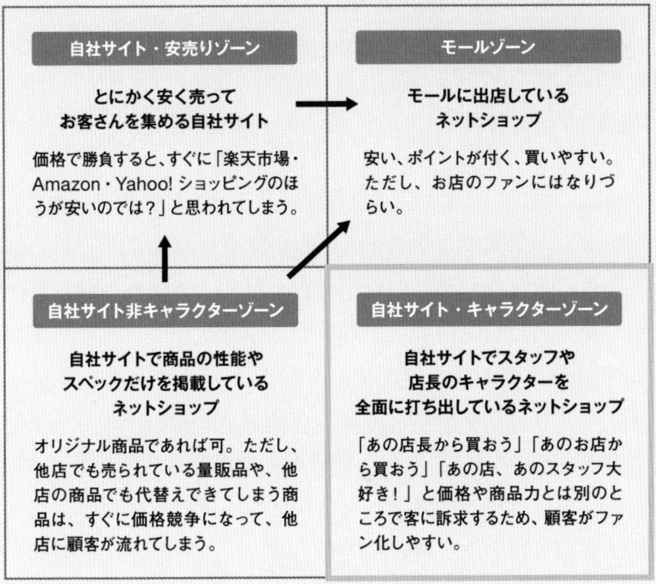

実店舗や職場の風景写真で「ここでしか買えない」をアピールする

「入手困難なものが手に入る」から欲しくなる

ネット通販の魅力は“入手困難な商品を買える”という点です。地方都市に住んでいる人が都会でしか売っていない洋服が買えたり、都心部に住んでいる人が手に入らない珍しい野菜が買えたり、時間と距離の制約で入手困難なものが買える喜びがあるからこそ、お客さんはネット通販という特殊な方法で商品を購入するのです。そのような事情を考えると、ネットショップで商品を購入する人に対して、「手に入らないものが手に入る」ということをアピールすれば、さらに購買意欲が掻きたてられるはずです。つまり、売っている場所が遠かったり、近所にはお店がないことをアピールしたりすることができれば、余計に“欲しい”という気持ちが強くなるのです。

商品ではなく「距離」にプレミアム感をつける

入手困難な状況をアピールするためには、ネットショップで「場所」を強調する必要があります。たとえば、スイーツのネットショップの場合、スイーツを作る機材さえあれば、実店舗がなくてもネット上にお店を構えることは可能です。しかし、そうなってしまうとお客さんに「そこのお店でしか買えない」という距離感をイメージさせることができないので、「わざわざお取り寄せをしたい」という気持ちを半減させてしまいます。

そのようなネット通販の魅力を損なわないためにも、小さくても実店舗の紹介をネットショップで行ったほうが得策といえます。どこでお店を構えているのかも明確にアピールして、お客さんが買い物に来ている風景や、製造風景などを積極的にページで紹介したほうがいいでしょう。そして、「場所」をアピールすることで、お客さんに「距離」をイメージさせて、“わざわざネットで買わなくてはいけない”というワクワク感を生み出すのです。

実店舗がない場合は、オフィスの風景や会社がある地元の話などをブログやSNSで公開していくことをおすすめします。何の変哲もない近所の話でも、外部の人から見れば新鮮な話だと受け止めてくれます。なじみのない都市であれば、なおさら興味と親近感を持って読んでくれるはずです。

商品にプレミアム感をつけるのではなく、“遠い”という距離にプレミアム感をつけてみるのも、ネット通販ならではの付加価値と言えます。

ネットショップは売っている場所を意識させる

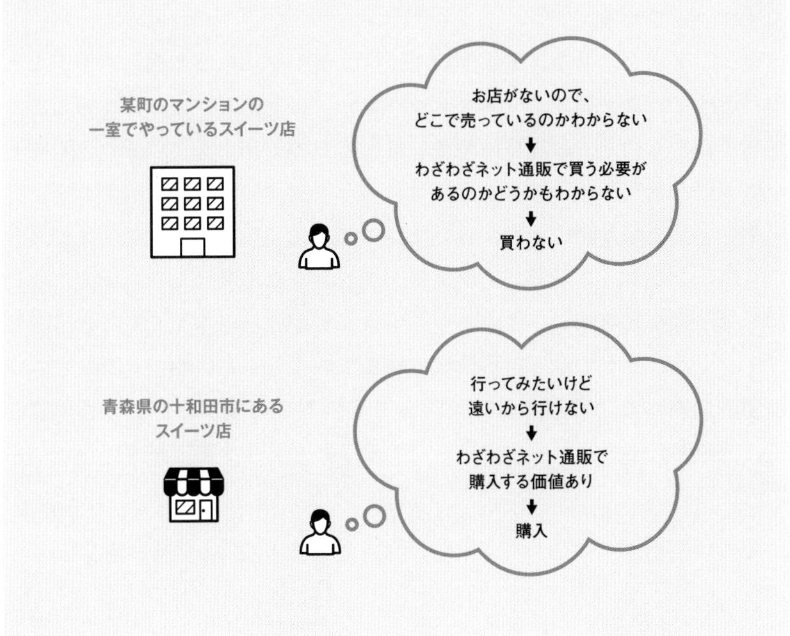

ギフト対応は「ラッピング」と「メッセージカード」で客単価アップ

“プチプレゼント”のマーケットは拡大傾向

プレゼントの需要は増加傾向にあります。母の日、父の日、敬老の日、バレンタイン、クリスマス——。これらのギフト需要が伸びる販促イベントは、ネットショップも客単価を上げる絶好のチャンスといえます。また、最近では、日ごろお世話になった人にちょっとしたギフト品を贈る“プチプレゼント”のマーケットが拡大傾向にあります。このような時代背景を考えると、ネットショップはギフト品の販売体制をしっかり整えておかなくてはいけません。

オーソドックスなギフト販促の手法は、トップページや商品ページなどのバナーで、ラッピングやメッセージカードの対応をアピールすることです。また、お中元、お歳暮の時期には、のしの対応をしていることも強調しておいたほうがいいでしょう。

ギフト品を贈る側にとったら、「どんなラッピングになるのか？」というのも気になるポイントです。ラッピングした写真を見せたり、実際に手に持った写真などを載せたりすると、イメージが膨らみやすくなります。特にギフト品に関しては、写真検索で探している人も多いので、ラッピングは多少価格が高いものでも、インパクトのある可愛らしいものを用意して、積極的に写真をページにアップすることをおすすめします。

先行予約販売やキャンペーンを仕掛けてお客さんを逃さない

リピート客を抱えているネットショップであれば、ほかのお店にお客さんを奪われないようにするために、先行予約販売を仕掛けてみるのもいいでしょう。

「○月○日まで予約をすると送料無料」

というようなキャンペーンを展開して、優良顧客の囲い込みをするのも一手です。また、イベントの直前に駆け込みで商品を購入する人や、時期が過ぎてから商品を購入する人もいるので、

「まだ間に合います」
「遅れてごめんね」

などのキャッチコピーで、お客さんを引きつけるのも戦略として面白いかもしれません。

「自分の商品はギフト品には向いていない」と言って、ギフト商戦に最初から参戦しないネットショップも多いです。しかし、ギフト品は何が売れるかわからない特殊なマーケットなので、チャレンジしないことは大きな機会損失になります。「ラッピングやメッセージカードを添えるだけで、思いのほかギフト品として売れた」という事例も多々あります。「私には関係ない」とそっぽを向かず、新たな売上の柱とするために、ぜひ挑戦してみてください。

ギフト対応でさらに売上を伸ばすための必須コンテンツ

☑ 複数の送り先対応

お中元やお歳暮で複数ヶ所にギフト品を贈る人は多い。ExcelやFAXで顧客リストを受け取っても対応できる旨をページに記載しておいた方がいいだろう。

☑ ギフトをラッピングした写真

ラッピングされた商品を手に持っている写真を掲載すると、大きさをイメージすることができる。いろいろなラッピングが選べるとなおよし。

☑ メッセージ対応

手書きのメッセージカードのほか、最近では写真付きや音声付きのメッセージカードもある。敬老の日に好評。

☑ スピード対応

急ぎでギフト品を贈りたい人も多い。特急料金を設定しても需要はある。土日祝日、大型連休のときに需要あり。

☑ サプライズ配送

地域密着ビジネスであれば、仮装してスタッフが直接商品を届けるのも面白い。クリスマスやハロウィンのイベントで人気。

ネットショップから実店舗にお客さんを呼び込んで、リピート率アップ

実店舗のほうが長期的な売上につながりやすい

自社サイトにできて、モールにできないのが、**「実店舗にお客さんを誘導できる」**という販促手法です。自社サイトは店舗の電話番号や写真を積極的に掲載しても問題ないですし、実店舗限定の販促イベントをネットショップで公開してもまったく問題ありません。いろいろな販促手法でお客さんに商品を売ることができるのは自社サイトの強みでもあるので、積極的に活用したほうがいいでしょう。

実店舗で商品を売るメリットは多数あります。まず、お客さんとのコミュニケーションが非常に密になります。ネットショップのようにスクロールしてクリックしているだけの浅い関係性ではなく、「直接会って、声を聞いて、商品を見て、触る」という購入プロセスは、ネット通販に比べて何倍もお客さんの記憶の中に商品情報をインプットさせることができます。また、実店舗に来店させるのはファンづくりの一環にもなりますし、競合他社との差別化にもなります。

このように、実店舗で商品を買ってもらうほうが、ネット通販で商品を購入するよりも、長期的な売上につながりやすいところがあるのです。

実店舗でも使える割引券やプレゼント引換券をネット通販の商品に同封する

誘導方法としては、自社サイトで積極的に実店舗の存在をアピールすることです。店内外の写真はもちろん、お客さんに接客している様子の写真や製造風景など、ビジュアル面で実店舗の存在をイメージさせることが重

要です。また、地図や電話番号も大きく載せて「実店舗にも来てください」と来店を促すキャッチコピーを挿入してあげると、お客さんも足を運びやすくなります。

ネット通販で購入した商品に、実店舗でも使える割引券やプレゼント引換券を同封するのも一手です。スタッフからの手書きのメッセージなどが添えられていると、さらに実店舗に対して親近感を持ってくれます。

写真を撮ってあげると拡散してもらえる可能性が高い

もし、ネットショップで商品を購入したお客さんが実店舗にやってきてくれた場合は、オーバーリアクションと思われるぐらいの大歓迎体制で迎え入れるようにしましょう。その場でプチプレゼントでも渡せば、お客さんはさらに熱烈なファンになってくれることまちがいなしです。

実店舗に来てくれたお客さんの写真を撮ってあげることも効果的です。その写真をSNSやブログにアップすれば、そもそもネットのリテラシーの高いお客さんなので、拡散してくれる可能性が高いといえます。その写真を見た別のお客さんも「私も実店舗に行ってみよう！」という気持ちになってくれるので、集客の相乗効果を生み出すことができます。

実店舗がなければ、会社に直接商品を買いに来ることを奨励したり、イベントや展示会に来てもらったりしてお客さんとコミュニケーションを取るようにしましょう。スタッフと直接会って商品を購入してくれることは、ネットショップで商品を購入してくれるよりもファン客になりやすいです。積極的にお客さんをリアルの世界に誘導する施策を打ち出していきましょう。

また、最近では会社名をGoogleで検索すると、検索結果に優先されて表示される「Googleマイビジネス」の登録が、実店舗への集客に大きな影響を与えています。

営業時間や販売されている商品などの詳細がひと目でわかることから、来店前にGoogleマイビジネスの情報をチェックしている人が増えているようです。ネットショップに実店舗の情報を記載していると、Googleマイビジネスの情報をチェックするお客さんもいるはずなので、未登録のネットショップは早めに登録作業を行ったほうがいいでしょう。

Googleマイビジネスの登録は無料で行えます。掲載する情報の内容を充実させることが検索結果にも影響を与えるので、入力できる項目はすべて埋めるつもりで登録作業を行うようにしましょう。特に店内外の写真はお客さんが来店前に気になる情報なので、写真はできるだけ多く掲載したほうがいいと思います。

お客さんの口コミが書き込めるのもGoogleマイビジネスの特徴です。しかし、店舗への不満や悪口を書かれてしまうリスクも同時に背負うことになります。ネガティブなコメントは放置したいところですが、Googleは口コミに書き込まれた内容と、どのくらいの早さで口コミに返信したのかをチェックしている可能性があるので、早めに誠心誠意の謝罪の文章を返信することをお勧めします。

Googleマイビジネスではなく、Yahoo!の検索結果に反映される「Yahoo!ロコ」にも商品情報を登録すると、Yahoo!検索からのお客さんも誘導することができるようになります。こちらも要領はGoogleマイビジネスと同じで、利用料金も無料となります。機会があれば登録してみてください。

なお、Googleマイビジネスの登録に関して、「代行して登録します」という営業電話がかかってくることがよくあります。月々の料金を支払うほどの作業量ではないうえに、効果が出なくてトラブルに発展することもあるため、そのような営業電話は無視して自分たちで登録作業をすることをおすすめします。

ネットショップよりも実店舗のほうが圧倒的に“濃い”関係性が作れる

商品購入までのプロセス

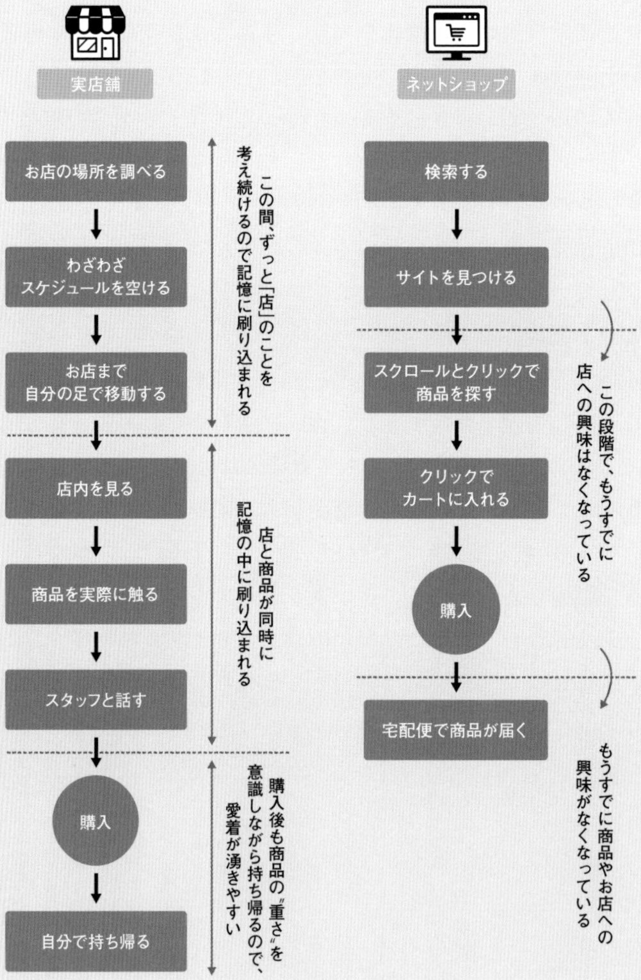

ここがポイント！

実店舗の購入プロセスのほうが、ひとつひとつの体験が濃厚なため、ファン客になりやすいところがあります。接触頻度の浅いネットショップで買わせるよりも、お客さんに面倒な思いをさせて、苦労して商品を購入させることは、リピート客を生み出しやすい環境づくりの戦略になります。ネットショップのお客さんに実店舗で使える1000円の割引券を無料で進呈しても、優良顧客の顧客獲得コストとして吸収できるケースもあります。

チラシやカタログは、ネットショップへの重要な集客ツール

“わざわざ”ネットショップを閲覧してもらうための動機を作る

販促チラシやカタログを見たお客さんがホームページを見に来てくれる確率は、決して高くはありません。「ネット→ネット」「紙媒体→紙媒体」はスムーズに誘導できるのですが、「ネット→紙媒体」「紙媒体→ネット」という媒体の性質を跨いで誘導しようとすると、一気にお客さんのストレスは大きくなってしまい、動きが鈍くなります。そのため、紙媒体からネットショップにお客さんを誘導する場合は、“トコトン気合いを入れて誘導する”という、徹底した販促戦略を取らなくてはいけません。

お客さんを別媒体に誘導するためには、「ネットショップには、さらにお得な情報がある」としっかりと伝えることです。URLを載せるだけでは、ネットショップをわざわざ閲覧する理由がないので、ホームページを覗いてはくれません。しかし、その“わざわざ”の動機を作ることができれば、お客さんは重い腰をあげて、ネットショップを覗いてくれるようになります。たとえば、

「ネットショップで特別割引券配布中」
「ネットショップで約1000点の商品を展示販売中」

というように、特典やメリットを意識させるキャッチコピーをつけてネットショップに誘導してあげると、お客さんの別媒体への動きは良くなります。

野立て看板やラジオ広告も集客効果あり

“わざわざ”という面倒なアクションをクリアしたお客さんは、えてして優良顧客になりやすい傾向にあります。つまり、お客さんの質としてはSEOやリスティング広告から誘導するよりも、“わざわざ”紙媒体を経由してネットショップを見に来てくれたほうが、ストレスを乗り越えてページを見に来てくれたこともあり、良質なお客さんになりやすいのです。「紙媒体のお客さんは紙媒体に限定されている」とあきらめるのではなく、「すべての媒体からお客さんを誘導する」というオムニチャネル的な発想が、これからの自社サイト運営には求められます。

なお、最近では、SNSが普及していることもあり、TwitterやFacebook、LINE公式アカウントで新商品やセールの告知を行っているネットショップをよく見かけます。しかし、そのほとんどが中途半端な内容で発信されており、SNSを閲覧すると逆に気持ちが冷めてしまうことが多々あります。告知するのであれば、それなりに面白くてためになる情報を発信しなければ、集客に逆効果を生み出しかねないところがあります。お客さんは“わざわざ”閲覧しているわけですから、その“わざわざ”の苦労に応えられるような情報を、しっかりSNSで発信し続けなければいけません。

最近では道路沿いや田んぼの野立て看板、駅構内の看板やバスのラッピング広告、ビルやマンションに掲げられた看板などからネットショップに集客する方法にも注目が集まっています。日頃から目にする看板や広告で、会社名や商品名を刷り込ませることができれば、いざ商品を買うタイミングになったときにネットショップを検索して見に来てくれる流れを作ることができます。

リスティング広告の費用の高騰やSEOの難易度が上がったことで、小さな会社がネット販促で集客することが年々難しくなってきています。アナログの広告からネットショップに誘導する手法は、広告費を抑えた新たな集客方法として今後は注目を集める可能性があります。

また、ラジオ広告やテレビ広告など、一時は大手企業しか活用していなかった広告も、景気の低迷やネット広告への移行によって、小さな会社でも低予算で参入できるようになりました。毎日繰り返し消費者の記憶に刷り込ませる広告は、一時的にしか露出しないネット広告よりも高い販促効果を発揮するケースもあり、購入頻度の低い高額商品を取り扱うネットショップでは、試してみる価値は十分にある広告戦略といえます。

今後はネットショップだからといってネット広告だけに頼るのではなく、紙媒体やアナログ媒体、電波媒体を駆使して、多方面の宣伝チャネルでネットショップに誘客する方法を考えていく必要があります。

思わずホームページを覗きたくなる、
紙媒体で効果的なキャッチコピー 5選

- ☑「公式サイトにて、
  実店舗で使える500円割引チケット配布中」
- ☑「ネットショップで商品1万点展示中」
- ☑「ネットショップにてお客様の使用事例を動画で公開中」
- ☑「こちらの限定カラーは当店ネットショップでしか
  販売しておりません」
- ☑「店長の長期レポートブログがホームページで公開中」

商品に同封する販促チラシは、工夫次第でまだまだ売上が伸びる

同封物によって訴求力を上げるのは難しい

「商品と一緒にお客さんを訴求するパンフレットや販促物を入れて、リピート購入につなげたい」

そのような相談をネットショップの運営者からよく受けます。しかし、同封物によって訴求力を上げることは非常に難しいのが現状です。先述したように、「紙媒体→ネット」という移動は、お客さんにとって思いのほかストレスが大きいことから、想像していたよりもこの手の販促は反応が鈍いところがあるのです。また、通販の場合、商品を注文したときが最もテンションが高いため、商品が届く頃には気持ちが冷めていることも要因のひとつといえます。同封された販促物を見てもテンションが上がらないため、訴求力の高い販促物を入れても心に響かないのです。しかし、それでもお客さんと接触するチャンスであることは変わりないので、訴求力を上げないことは大きな機会損失につながってしまいます。

パッケージから、同封するパンフレットまでの全体をプロデュースして愛着をもってもらう

届いた商品の梱包物に興味を持ってもらうためには、梱包しているパッケージに工夫を凝らす必要があります。味気ない段ボールで商品を届けるよりも、かわいらしいデザインの梱包資材で届けたほうが、お客さんの下がっていたテンションを再び盛り上げることにつながります。また、お礼状や納品書に、かわいらしいデザインの用紙を採用してみるのも一手で

す。同封する商品案内も、平凡なパンフレットを使うのではなく、紙質やデザインに特徴のあるものを同封することで、お客さんの記憶に強いインパクトを与えられます。

梱包する割引券やクーポン券にもひと工夫したほうがいいでしょう。これらの特典券は、少し厚みのある豪華な用紙に印刷すると、お客さんも「大事なものをもらった」という意識を高めてくれます。また、商品やお店のことを理解してもらうために、マンガやイラストを多用したパンフレットを挿入したり、オリジナルの粗品をプレゼントしたりすることも、次回の購入につながるきっかけになります。

特典の内容でファンにするのではなく、パッケージから同封するパンフレットまで、全体をプロデュースして「良いものを買った」という印象を与えることが、お店や商品への愛着につながっていくのです。

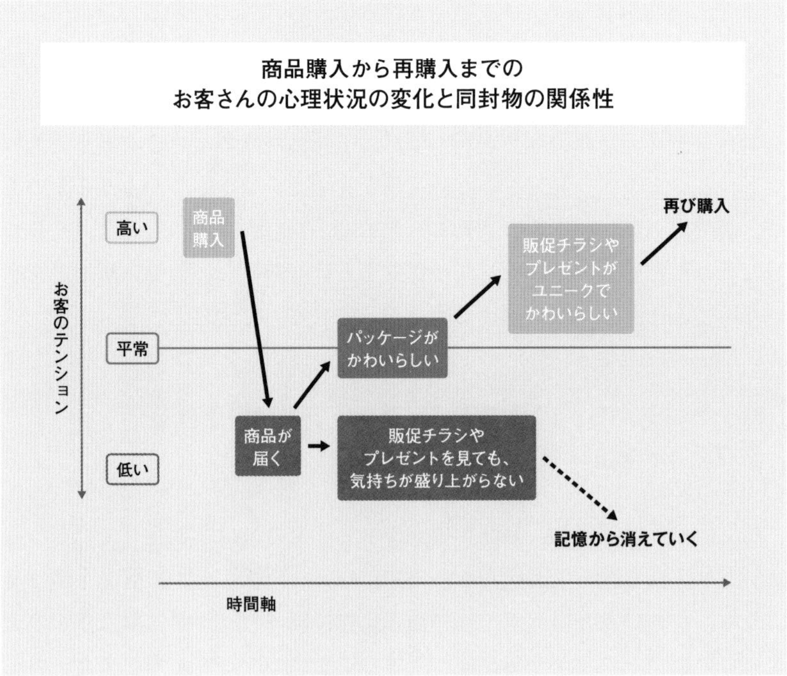

商品購入から再購入までの
お客さんの心理状況の変化と同封物の関係性

モチベーション維持のため、同業者の友達を作ろう

自社サイトよりも楽天市場のネットショップのほうがモチベーションを持続しやすい？

自社サイトの売上が伸びない理由は、じつは精神的な問題が8割ぐらいを占めているのではないかと思っています。ネットショップのようなスモールビジネスは、運営者が1人で孤立しやすく、仕事内容がわかりづらいために、周囲の人の理解が得られにくいという側面があります。また、仕事をやるかやらないかも自分自身で判断できてしまう環境から、いつでも作業をサボれるのも難点といえます。ネットショップ運営はだれかに監視されているわけではないので、モチベーションを持続することが非常に難しいのです。

その点、楽天市場のネットショップは、勉強会やセミナーが定期的に開催されているため、比較的仕事のモチベーションが維持しやすい環境にあります。また、各店舗には担当のコンサルタントがついているので、定期的な電話や訪問によるコミュニケーションによって、孤立感を味わう機会が少ないという利点もあります。そういう意味では、楽天市場のネットショップのほうが、自社サイトよりも仕事のモチベーションを持続しやすい環境が整っているといえます。

「友達」だけでなく「ライバル」を作るのも大事

自社サイトの運営は本当に地味な作業の繰り返しです。派手で面白い仕事は、残念ながら自社サイトの運営にはありません。そのような辛い環境で仕事を続けるためには、やはり苦楽を共にする“仲間”を作る必要があり

ます。

自社サイトの運営者と知り合いになる方法は、セミナーや勉強会に出席することです。自社サイトのショッピングカートを提供している会社では、定期的に勉強会やセミナーを開催しているところもあります。集まりの後には懇親会が開かれるケースもあり、ベテランのネットショップ運営者と話をすると、新たな情報や販促方法を教えてくれることが多々あります。

また、このような出会いの場では、辛さや苦しみを分かちあえる友達を作ることも大切ですが、「あのネットショップには負けられない」という闘争心を燃えさせてくれる知り合いを作ることも重要です。そのようなライバルのネットショップを作って刺激をもらうことも、内向的になりやすい自社サイト運営には必要なのです。

自社サイトでも勉強会やサポート体制が充実している企業もある

futureshopではユーザー限定の勉強会「futureshop ACADEMY」を定期的に開催しています。Web制作会社に頼らず、自分自身でページの更新ができるシステム「コマースクリエイター」の使い方が学べる講座は、講師が使い方を丁寧にレクチャーして、その後に自分たちでページを構築する時間を設けるという、パソコン教室さながらの面倒見のいい講座を開催して、ネットショップ運営者のモチベーション維持に力を入れています。

また、サポート体制も非常に充実しており、本体機能やオプション機能の相談はもちろん、売上アップの施策のアドバイスや、急なアクセス集中によるサーバー攻撃への相談などにも対応して、自社サイトの運営をカスタマーサポートが一緒になって支援する体制を整えています。

自社サイトの運営は孤立しやすい環境のため、機能よりも利用者のモチベーションの維持やサポート体制のほうが重要です。Eコマース関連のサービスは「契約したらオシマイ」というところも多いため、精神面でも応援してくれる親切なサービスを選ぶことも、ネットショップ運営を成功させるための大切な指標のひとつといえます。

自社サイトの運営者と知り合う方法

- ☑ 自社サイトのカートサービスを提供している会社の勉強会やセミナーに参加する。その後の懇親会に参加して、情報交換をする。
- ☑ 売上が好調なネットショップの運営者のSNSをフォローする。勉強会やセミナーの講師として登壇することが告知されるケースもあるので、そのイベントに参加する。
- ☑ 商工会議所や商工会が主催するネットショップの勉強会に参加する。
- ☑ ネットショップ運営の経営コンサルタントのブログやメールマガジンをチェックする。書籍などを購入して、考え方が近かったり、ノウハウがありそうだったりする人物を要チェック。

これからは男性客よりも女性客を意識したほうが売れる

男性ではどうしても越えられない性別の“壁”がある

昨今、共働きの世帯が増えており、女性の購入決定権が増しています。また、男性の消費の好みも女性化しつつあり、男性向けの商品でも、女性を意識してデザインしたほうが、お客さんのウケがいいネットショップになるという消費の傾向があります。

女性客を意識したネットショップを作りたければ、思い切ってデザイナーやサイトのプロデューサーを女性に切り替えてみるのも一手です。男性がプロデュースしたサイトでは、どうしても越えられない性別の“壁”のようなものがあります。たとえば、使用する書体や写真など、作り手側からは一見してわからないものでも、お客さんから見れば「男っぽい」「女っぽい」というのが感覚的に伝わってしまうところが多々あります。そのため、男性スタッフに無理をして女性ウケするサイトを作ってもらうよりも、女性スタッフに女性ウケするサイトを作ってもらったほうが、手っ取り早く女性客を意識したサイトを作れる利点があります。

女性的とは「かわいらしい」ではなく「丁寧」ということ

“女性的なデザイン”のことを「丸っこくてかわいらしい」ものだと思っている人が多いですが、決してそういう意味ではないことも頭の中に入れておいてください。バナーの上下左右の位置がしっかりそろっていたり、文字の書体や大きさが統一されていたり、デザイン的に“キレイ”なサイトが、女性客には受け入れられます。つまり、「かわいらしいものを作る」よりも「丁寧なものを作る」ということを意識してデザインしたもののほうが、女性客に受け入れられやすいところがあります。

商品写真やイラストに関しても、女性をモデルにしたほうが親しみやすさにつながります。店長やスタッフの紹介も女性が全面に出ていたほうがいいでしょう。

このように“女性”を意識することで、お客さんの情報の受け止め方が大きく変わってくるところがあります。その点をうまくプロデュースしながら、売れるネットショップを構築していってもらえればと思います。

サイトづくりの時に“そろえる”を意識するだけで、女性好みのデザインになる

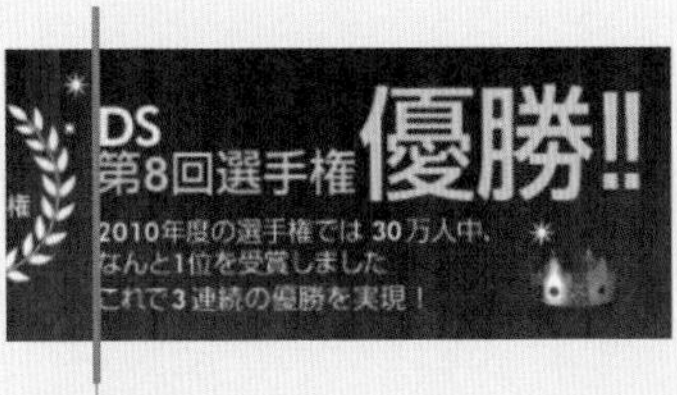

A

B

A 文字が左側でキッチリそろっていると、文字も読みやすくなり、デザインに安定感が生まれる。

B 書体、文字の大きさがすべて統一されている。また、余白のスペースもしっかり統一されているため、文字嫌いの女性でもストレスなく読むことができる。

売上を伸ばしたければ、楽天市場のコピーは今すぐやめよう

楽天市場と自社サイトとではお客さんの質が違う

楽天市場と似たようなデザインの自社サイトを作ってしまう人は非常に多いです。おそらく、「楽天市場のサイトが売れているから、同じデザインにしたら自社サイトも売れるのではないか」と思っているのでしょう。

しかし、残念ながら、楽天市場のコピーサイトでは自社サイトの売上を伸ばすのは難しいところがあります。もちろん、楽天市場で広告費を使って、商品や店舗名の知名度が上がれば、それに比例して自社サイトも売れ始めるケースは多々あります。しかし、そのパターンで売れても、せいぜい楽天市場の10分の1程度の売上が関の山といったところでしょう。

では、なぜ、楽天市場のコピーサイトは自社サイトでは売れないのでしょうか？

それは、買い物に来るお客さんの質が違うからです。楽天市場の場合、サイトに買い物に来る人は「買う」ことが前提で訪れます。つまり、ネットショップが適当に作り込まれていても、購買意欲が高いので商品力で買わせることができるのです。

対して、自社サイトはGoogleやYahoo!の検索経由で集客するため、「買う」という意識がやや欠如したお客さんが多いところがあります。それよりも「調べる」「知りたい」という意識が強いお客さんが多いため、情報のコンテンツの作り込みが楽天市場よりも重要なところがあります。

自社サイトでは検索エンジン対策をしなければ集客できない

また、自社サイトはGoogleの検索エンジン対策をしなければ集客するこ

とができないため、サイト内の構成も検索エンジンを重視したものにしなければいけません。それなのに、検索エンジンを意識していない楽天市場のサイトと同じものを作ってしまうために、結果、集客力のないサイトになってしまい、売上を作ることができなくなってしまうのです。

このように、楽天市場と同じような自社サイトを制作しても、売上を伸ばすことはできません。電話番号を大きく載せたり、コンテンツを増やして検索エンジン対策を強化したりしながら、自社サイトならではのネットショップを構築する必要があります。

楽天市場を本気で運営している人に、片手間で楽天市場を運営している人が勝てないのと同じで、本気で自社サイトを運営している人に片手間で自社サイトを運営している人が勝つことは難しいのです。自社サイトの売上を伸ばしたければ、楽天市場のネットショップの物まねではなく、独自の自社サイトの売り方を構築して、本気で勝ちにいく仕組みを作らなくてはいけません。

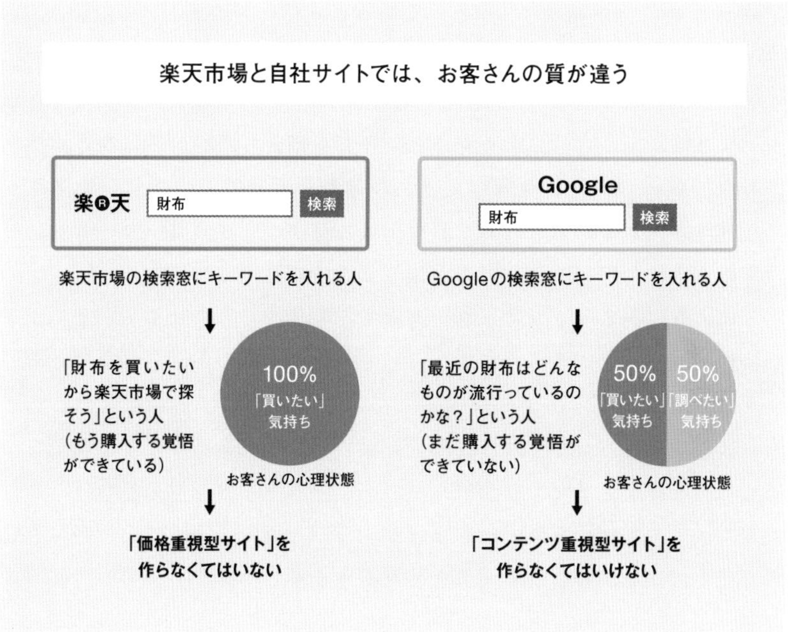

初級編 | CHAPTER 18

「検索キーワード」を意識するだけで、自社サイトの売上はガラリと変わる

検索キーワードは購入に直接結びつくものでなければ意味がない

GoogleやYahoo!の検索エンジンから集客するということは、検索窓に何かしらのキーワードを打ち込んでもらわなければいけません。そのため、“検索キーワード”によって、ネットで売りやすい商品、売りにくい商品が分かれていきます。

たとえば、スイーツは、自社サイトでは売りづらい商品のひとつとなります。なぜならば、検索キーワードが明確ではないからです。

「“ケーキ”とか“クッキー”という検索キーワードがあるじゃないか」

そう思われる方もいるかもしれませんが、ネットで「ケーキ」「クッキー」と検索する人は、**ケーキやクッキーを購入したい人ではなく、ケーキやクッキーのレシピを調べたい人がほとんどです。**つまり、検索キーワードは存在しているものの、直接購入に結びつく検索キーワードではないため、ネットで売ること自体が難しくなってしまうのです。

このように、ネットショップを運営する際は、自分のサイトがどのような検索キーワードで調べられて、そして売れているのか、しっかりと把握する必要があります。よく調べられている検索キーワードだったとしても、競合が多かったりすれば、検索結果で上位表示を狙うことはなかなか難しくなります。また、ライバルがいない検索キーワードを見つけたとしても、ネットで調べられている需要が少ないために、検索で上位表示されても売上につながらないケースも多々あります。

売れる検索キーワードを1個見つけるために、2ヶ月ぐらいの期間をかけてじっくり探す人も

この検索キーワードさえ見つけることができれば、ネットショップ運営の戦略は8割ぐらいは完成したといっても過言ではありません。たとえば、先述したスイーツの場合、スイーツの名前で検索されることが難しければ、店舗名を有名にして、店舗名で検索されるようにすれば、お客さんを集客することが可能になります。そうなるためには、実店舗の宣伝に力を入れたほうが効率がいいですし、情報の拡散を狙ってSNSの戦略に力を入れたほうが得策といえます。

一説によると、トップクラスのネットショップの運営者は、売れる検索キーワードを1個見つけるために、2ヶ月ぐらいの期間をかけてじっくり探すと聞きます。それだけ、検索キーワードの選別は、ネットショップ運営の“核”となるものなのです。

ここがポイント！

検索キーワード探しも競争が激しくなっています。1単語の検索キーワードで上位表示を狙うのは難しく、やはり2単語以上の複合キーワードで上位表示を狙うほうが主流になっています。
上記のほかに、楽天市場の検索窓にキーワードを入力した際に表示される「候補キーワード」（サジェスト）から複合キーワードを探したりするのも一手です。ただし、これらはあくまで検索キーワードを探す“目安”でしかありません。ここからいかに自分の力で掘り出し物の“穴場キーワード”を見つけられるかが勝負どころと言えます。

売れる検索キーワードの見つけ方

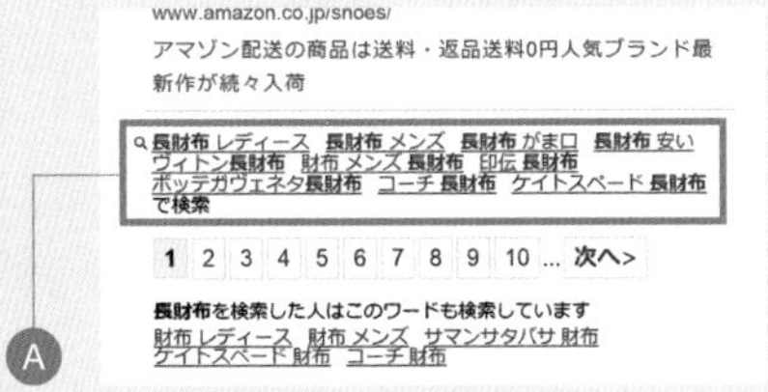

Ⓐ Yahoo!やGoogleの検索結果に出てくる複合キーワードをチェックする。事例は「長財布」と検索した際に出てくる複合キーワード。検索キーワードから考察すると、やはりブランド名で検索している顧客が多いことがわかる。マニアックな長財布のブランドさえ見つかれば、商機があるかもしれない。

Ⓑ 「ラッコキーワード」(https://related-keywords.com/)のサイトで複合キーワードを調べることも可能。

初級編 | CHAPTER 19

検索エンジンの“役割”がわかれば、SEOでかんたんに1位が取れる

競合他社に負けないように
サイトの情報量を増やしていくのが最も効果的

SEO（検索エンジン対策）と聞いて、「うわっ、難しい！」と思って尻込みしてしまう人は多いと思います。しかし、検索エンジンの「役割」を冷静に分析してみると、じつはそんなに難しいノウハウではないことがわかります。

Googleの検索エンジンの役割は、閲覧者が調べようとしている検索キーワードに対して、的確な情報を上から順序よく表示させることです。たとえば「折りたたみ自転車」と検索した場合、Googleは「折りたたみ自転車」について、一番くわしくて、ためになるホームページを上位表示させることが“役割”となります。つまり、折りたたみ自転車について、一番役に立つホームページを作り込むことができれば、検索で上位表示されるようになるのです。

役に立つためには、情報量が多いことが重要です。折りたたみ自転車の歴史や、折りたたみ自転車の性能の話など、折りたたみ自転車の情報が盛りだくさんのサイトを作ることができれば、「折りたたみ自転車」と検索した際に検索結果で上位表示されやすくなります。その情報量やくわしさが多い順に検索結果が並んでいくことを考えれば、競合他社に負けないようにサイトの情報量を増やしていくことが、最も効果的なSEOになるのです。

商品名に「機能」や「性能」を表したキーワードと組み合わせて上位表示を狙っていく

しかし、最近では、楽天市場やAmazonがSEOを強化していることもあり、商品名単体では上位表示させることが非常に難しくなってきています。その場合、無理をしてモールに対抗するのではなく、上位表示を狙う検索キーワードをずらしてあげるほうが得策といえます。たとえば、「掃除機」で上位表示を狙うのであれば、モールに上位が取られてしまうので、

「かわいいデザイン　掃除機」
「音が静か　掃除機」

というように、機能や性能を表したキーワードと組み合わせて上位表示を狙っていくことを考えたほうがいいでしょう。

また、SEOは「やってみないとわからない」「検索で上位表示されても売れるかどうかわからない」というところがあります。そのような事態も考慮して、1つの検索キーワードだけではなく、複数の検索キーワードで上位表示を狙うことをおすすめします。

さらに、無料ブログ作成ソフト「WordPress」（ワードプレス）でサイトを制作したほうが、情報量の更新やカテゴリー分けがしやすいところもありますので、その機能を活用してSEOを施してみるのも一手です。

ただし、SEOはこだわり続けるとキリがないノウハウでもあります。「自分ではSEOは無理だな」と思ったら、早目に見切ることも考えておいたほうがいいでしょう。SEOよりも、店舗や商品の知名度を上げたり、SNSでお客さんを集客したりするほうが、質の良いお客さんを集められたりします。SEOとは別の集客方法を模索することも並行して考えていくことも大切です。

商品名、店舗名を検索キーワードにするための5つの施策

☑ プレスリリースを出して、メディアに取り上げられる

テレビや新聞に記事やニュースで取り上げてもらって検索してもらう。

☑ SNSで情報の拡散を狙う

FacebookやTwitterでユニークな情報を発信して、検索する人を増やす。

☑ ファンづくりのイベントを開催して、アナログの世界で情報を拡散させる

実店舗でイベントを開催して、参加者が「あのイベント面白かったよ」と口頭で友達に伝えることで、第三者に検索してもらう。

☑ ダイレクトメールや販促チラシから、お客さんに検索してもらう

紙媒体でネット向けのセール企画を告知して、ホームページやネットショップを検索してもらう。

☑ ユニークな商品名をつけて注目を集めて、お客さんに検索してもらう

変わった商品名をつけると、店頭で見たときに気になり、検索してもらえる。

ストレスのないスマホサイトを作れば売れる

スマホからネットショップへ流入するお客さんは、今や50％を超えるといわれています。すでにパソコンからの閲覧者数を超えており、これからのネットショップ運営はスマホからの閲覧者のほうを強く意識してサイトを構築していかなくてはいけません。

しかし、現状、自社サイトのネットショップに限っては、スマホサイトの改善に力を入れたからといって、極端に売上が伸びるわけではありません。自社サイトの場合、サイトの構成や作り込みよりも、商品力や商品の知名度によって売れているので、「スマホサイトがとってもいい」という理由だけでは、お客さんはガツガツと買ってはくれないからです。

もちろん、スマホサイト専用に作り込んだほうが、スマホ閲覧者にとったらページが見やすくて、買いやすくなるメリットはあります。また、スマホサイトを作ることによってスマホで検索した時にSEOで上位表示されやすくなる利点もあります。しかし、そのようなスマホサイトにカスタマイズするためには、それ相当の時間と手間がかかりますし、そのような改善策に力を入れるのであれば、サイト内のコンテンツづくりに力を入れたほうが、売上には直結しやすいところがあります。

ここでは、初心者向けのノウハウということもありますので、スマホサイトの改善で最低限やっておかなくてはいけない施策を3つ紹介させていただきます。

①電話番号をクリックしたら、すぐに電話をかけられるようにしておく

電話機能がついているスマホからのアクセスなので、電話をかけさせる

行為に直結させなければ、機会損失につながってしまいます。掲載している電話番号の下に

「クリックすれば、電話がかかります」
「メールでの問い合わせよりも、電話の注文や問い合わせのほうが早いです」

というようなキャッチコピーを入れておくことも、スマホ向けの売上アップ対策のひとつといえます。

②問い合わせの入力フォームを大きくする

入力フォームが小さいと、問い合わせることすら面倒になってしまうため、大きな機会損失につながります。小さなボタンで入力することは利用者にとって大きな負担になるので、入力項目を減らしたり、入力フォームを大きくしたりすることで、お客さんのストレスをできるだけなくすようにしましょう。

③バナーやボタン表示を大きくする

スマホは片手で操作していることが多く、指の可動域はそんなに大きくありません。そのため、バナーやボタン表示が小さくなってしまうと、打ちまちがいが発生したり、操作することを面倒に感じさせてしまったりするため、その時点でお客さんの買い物へのモチベーションを下げてしまいます。パソコンで閲覧した際に、多少不細工なページになったとしても、ボタンやバナーを大きく表示することを心がけたほうがいいでしょう。

このように、スマホ利用者が増えることを考慮して、サイトが出来上がった際は必ずスマホでページのチェックをすることをおすすめします。むしろ、パソコンで見ているサイトのほうが“オマケ”ぐらいで考えたほう

が、これからのネットショップ運営ではいいかもしれません。

複合キーワードでSEOをしたほうが、スマホサイトは強い

スマホは検索した際に、候補キーワードがすぐに表示されるため、PCよりも複合キーワードを見つけてサイトに流入するケースが多い。キーワード単体で検索結果の上位表示を狙うよりも、複合キーワードで上位表示を狙ったサイトのほうが、スマホのお客さんを獲得しやすいと言える。

友達や親族に商品を買ってもらうのは覚悟の表れ

身近な人のほうがファンになってもらいやすく、厳しいことも言ってもらいやすい

自社サイトでのネットショップ運営では、「売れない」という辛い思いをすることが多々あります。モールは集客力があるため、ほっといてもそこそこ売れる環境にありますが、自社サイトは本当にがんばらなければすぐに「売れない」という状況に追い込まれてしまいます。

どうしても売れなければ、まずは知人や親類に頭を下げて買ってもらうことから始めましょう。とても恥ずかしくて、頼みづらいことではありますが、身内に買ってもらうことはさまざまなプラスの相乗効果を生み出します。

まず、とても身近な人に商品を売るので、知らない人に商品を売るよりもファンになってもらいやすい利点があります。また、無条件で自分の味方になってくれるお客さんなので、口コミでいろいろな人に商品を広めてくれます。さらに、一般のお客さんと違って、遠慮のない関係性なので、ネットショップの運営に対して厳しい意見を言ってくれる人もいます。

このように、知人や親類に頭を下げて商品を買ってもらうことは、「売れる」ことが確約できることに加えて、売上アップへのきっかけにもつながるのです。そして、身内に買ってもらいながらでも売上が付き始めると、商品を売ることに対しての自信にもなり、ネットショップ運営のモチベーションアップも上がっていきます。

友達や親類すらファンにできない商品を、他人がファンになるわけがない

一方、知人や親類に頭を下げても商品を買ってもらえないような状況になってしまうと、それは大きな問題といえます。身内に商品を買ってもらえないということは、なおさら見ず知らずの他人が買うはずがありません。そもそも、友達や親類すらファンにできない商品を、他人がファンになるわけがありません。自分の経営者としての力量と商品力を測る意味でも、まずは身内に商品を売ってみることをおすすめします。

知人や親類に商品を売っていくことは、「手っ取り早く売上を作る」という一面もありますが、それ以上に、「どんな手段を使ってでも、売上を作りにいく」という経営者としての貪欲さの表れでもあります。「身内に商品を買ってもらうなんて恥ずかしい」と言っている段階で、ネットショップを運営するために「何でもやってやる！」という覚悟が決まっていないというところもあります。その覚悟を決めるうえでも、自社サイトをオープンした直後は、知人や親類に商品を買ってもらう販促を行ってください。そうすることで、「身内に商品を買ってもらう状況から、早く脱しなくてはいけない」という危機感が生まれて、よりネットショップ運営に精進するようになっていくのです。

売れない理由をひとつひとつ解決していく

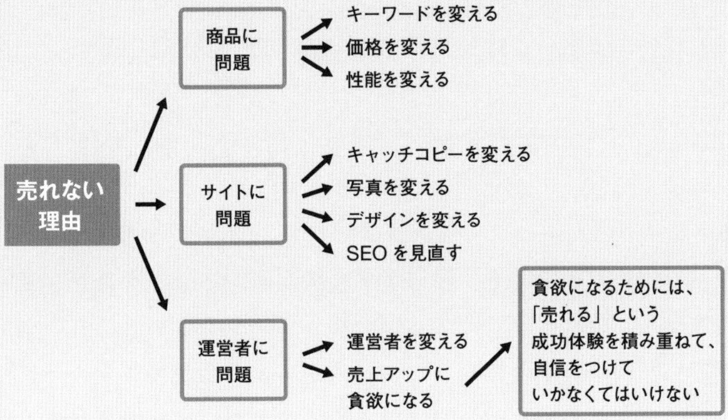

ネットのことを何も知らない経営者は余計な口を挟まないこと

ネットショップ運営の最大の失敗は「社長の口出し」

成功するネットショップと失敗するネットショップの大きな違いは、経営者の「関わり方」にあると思います。経営者がネットショップ運営に精通している人であれば、ほぼまちがいなく成功するといってもいいでしょう。予算や行動の決定権を持っている人がネット販促のノウハウに精通しているわけですから、大きな間違いを犯すことなくネットショップを運営することができると思います。

一方、経営者がネットショップ運営のことについて理解していない企業は、高い確率でEコマース事業がうまくいきません。ネットビジネスに対して「知らない人」が陣頭指揮を取るわけですから、間違った判断や指示をする可能性が高く、どんなに素晴らしい商品を取り扱っていても、売上が伸び悩むことになります。

ネットショップ運営はほかのビジネスに比べて販促手法が複雑で、実戦経験がなければ身につかないノウハウが多いのが特徴です。まったく知識がない人が口を挟むと、ビジネスモデルが総崩れするケースも多く、極論を言えば、ネットショップ運営の成功は、「何も知らない人に、いかに口を出させないか」というところが、成功と失敗の分かれ目になります。

成功するネットショップと失敗するネットショップの違い

今まで多くのネットショップを見てきました。うまくいくネットショップは、

- **経営者がネットショップに精通している。**
- **ネットショップに精通している責任者に自由に仕事をさせている。**

このどちらかといえます。逆に失敗するネットショップは、

- **何も知らない経営者が会議のたびに口を出す。**
- **ネットショップ運営の責任者が、経営者の判断を仰がなければ何も行動できない。**

このような共通点が見受けられます。

経営者は経営のプロかもしれませんが、ネットショップ運営のプロではありません。「従業員よりも自分のほうが優れている」という思いから、ついつい口を挟んでしまう経営者が多いと思いますが、会社のトップであろうと、経営者はネットショップを運営したこともなければ、ホームページを作ったこともない素人なのです。

特に経営者は時間がないことから、書籍やネット、セミナーで情報を収集し、浅はかな知識を聞きかじっただけの人が多いのも難点といえます。「わかっているようでわかっていない」という中途半端な状態で口を出すため、さらに現場は混乱してしまうのです。

もし、ネットショップ運営に口を挟みたいのであれば、自分自身がネットショップを立ち上げて、実戦経験を積んだ上でアドバイスをするべきです。それが時間的に難しければ、ヤフオクやメルカリで商品を販売して、「ネットで商品を売る」という実体験を積み上げることです。このような実践的な経験が、ネットショップ運営の現場に説得力のあるアドバイスをする下地づくりになります。

そのような経験を作る時間も気力もなければ、ネットショップ運営を語る資格はないと思ってください。余計な口出しはせず、経験豊富なスタッフにすべてを任せるべきです。ネットショップ運営の予算や決定権を責任者にすべて与えて、ある程度の失敗には目をつむる。そして、結果が出るまでじっと我慢し続ける覚悟を持たなければ、経営者が赤の他人の従業員

に「自由にやらせる」というスタンスを守ることはできません。

そのような人材が社内にいなければ、ほかの企業からヘッドハンティングしてもいいし、社内で根気よく育てていくのもいいと思います。自分自身が現場に携われないのであれば、中途半端な知識で現場に口を出すのではなく、知識と経験を持ったスタッフを採用して、その人に現場を任せたほうが、ネットショップ運営の売上アップの近道といえます。

経営者自身が「自分がネットショップ運営の素人だ」という謙虚な気持ちを持ち、従業員を信じる覚悟を持つことが、ネットショップ運営の成功への第一歩といえます。

ここがポイント！

経営者が知人のホームページ制作会社やコンサルタントを連れてきて、現場スタッフと一緒に仕事をさせるケースをよく見かけます。しかし、この手法は現場でのパワーバランスが違いすぎるため、トラブルが発生しやすくなります。

経営者の知人のホームページ制作会社となると、現場スタッフは反対意見も言いづらくなりますし、まちがったことも指摘しづらくなります。モチベーションも下がりやすいため、経営者の縁故絡みの外注先や人材は、極力、ネットショップ運営の現場に入れないほうがいいでしょう。

初級編 | CHAPTER 23

安いカートサービスよりも、将来性のあるカートサービスを選ぼう

大事なのは「社内でページ制作ができること」

ネットショップの構築で頭を悩ますのがカート選びです。月額利用料が無料のものから、数万円かかるものまでさまざまあり、Eコマースの経験が乏しい人ではカートサービスの選定が難しいところがあります。

小規模のネットショップの場合、月額が無料のカートサービスが魅力的に見えると思いますが、決済手数料や売上手数料を加算すると、有料のカートサービスのほうが安いケースも多々あります。また、最初に性能の低い格安のカートサービスを利用してしまうと、機能を充実させたい時に拡張させることができず、売上を伸ばすチャンスを逃してしまうケースも少なくありません。

最初から高機能なカートサービスを利用したほうが、ネットショップの売上を伸ばす戦略がイメージしやすく、実際に売上が伸びたときも、オプションのサービスをつけて対処することが可能になります。本格的にEコマースの事業への参入を考えている企業であれば、コストよりも機能でカートサービスを選んだほうが得策といえます。

もう1つ、カートサービスの選び方で重視しなくてはいけないことは「ページの改善作業が社内でできる」という点です。ホームページ制作会社にページ制作を依頼してしまうと、ページの改善に時間がかかり、販促のスピードが遅くなってしまい、売上を伸ばす施策が打ちにくくなってしまいます。

社内でページを制作することも考えると、最低限の知識でページが制作できる便利な機能がついたカートサービスのほうが、ネットショップを運営する上で優位性が高いといえます。

たとえば、futureshopのカートサービスの場合、HTMLなどの知識がなくてもページを構築できる「コマースクリエイター」という機能があります。バナーの掲載や設置位置の変更など、外注のページ制作会社に頼まなくても、社内のスタッフでかんたんに作業ができるようになります。また、futureshopは、他社の決済サービスや受注管理システムとの連携が取れているため、売上を伸ばす際もスムーズに機能を拡張することができる利点もあります。

このように、料金だけではなく、使いやすさや信頼性なども考慮した上で、自分たちのネットショップ運営に適したカートサービスを選んでいかなくてはいけません。

アプリやソフトをインストールするカートサービスの注意点

カートサービスを選ぶ際、アプリやソフトをインストールして、機能を拡張するタイプのものは注意が必要です。一見、かんたんそうに使えそうなイメージですが、トラブルが発生すると英語の解説しかなかったり、サポート体制が十分ではなかったり、カートサービスに不慣れな会社が使い始めると、「こんなはずではなかった」という事態になるケースが多々発生します。また、トラブルの原因が、カートサービスを提供する会社側にあるのか、それともアプリやソフトを開発した会社側にあるのかわかりにくくなることも、このタイプのカートサービスの維持管理が難しい点の1つといえます。

管理が複雑なカートサービスは、社内にネットに詳しいスタッフが在籍しているうちは対応することができるのですが、その社員が退職すると、まったく対応できなくなってしまう問題も抱えています。社内のシステムエンジニアが退職したことで、Eコマース事業が衰退していくケースも少なくありません。

カートを比較する際、導入後にどういう問題が発生して、どのようにその問題を解決していくのか、ネットショップ運営の「その後」も具体的にイメージしながら、カートのサービスを選ぶ必要があります。

自社サイトの場合、モールと違い、自分たちでネットショップを構築し、運用していかなければいけません。営業担当者が「かんたんです」「使いやすいです」と言っても、人それぞれ能力やスキルが違うため、その言葉を鵜呑みにしてしまうと、使い始めてから「こんなはずではなかった」と後悔することになります。

特に楽天市場やAmazon、Yahoo!ショッピングのネットショップ運営者は、モール側の至れり尽くせりのサービスに慣れているところがあり、いざ自社サイトを運営し始めると、「こんなことまでやらなくてはいけないのか！」と驚かされることが多々あると思います。

手厚いサービスに慣れているモール出店者や、社内にネットに精通しているスタッフがいない企業は、極力、国内で利用している企業が多いサービスで、なおかつ、サポートが充実したカート機能を選ぶことをお勧めします。

futureshopのコマースクリエイターとは

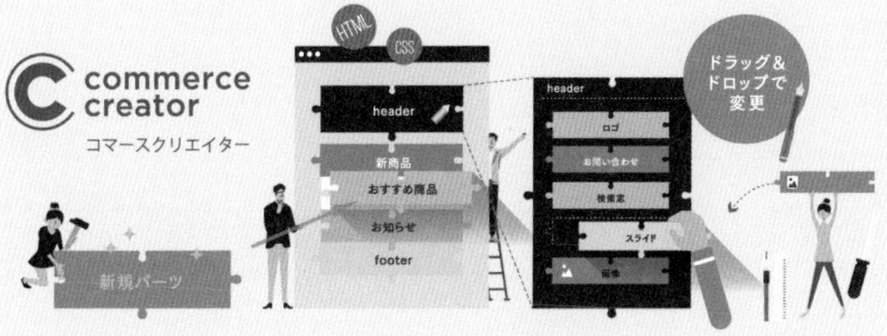

futureshopの「コマースクリエイター」は、管理画面でサイトのデザインや構成を専門知識がなくてもかんたんに構築することができる。スマホ対応のデザインもドラッグ&ドロップで制作することが可能で、クーポン機能やレビュー表示などの機能拡張も容易にできる。
https://www.future-shop.jp/

中級編

月商50万円から 月商100万円に達するために 欠かせない販促テクニック

自社サイトの場合、“月商50万円以上”というのが大きな境目になります。この売上をクリアすると、一気に売上が加速して、ネットショップ運営のステージが変わっていきます。
この中級編のテーマは、即効性ばかりを狙った初級編と違い、地道なテクニック重視の販促ノウハウです。足腰の強いネットショップになるための“土台づくり”の作業を中心に行っていきましょう。

ブログやSNSを書き続ければ、必ず売上はついてくる

コンテンツを作り続けるということ

売れているネットショップと売れていないネットショップの違いは、じつは「継続」の差しかありません。同じ人間がやることなので、能力の違いはほとんどなく、使っているツールも差がないことを考えれば、「売れる」と「売れない」の違いは、「続ける」と「続けない」の差ぐらいしかありません。

ネットショップの「続ける」という努力は、コンテンツづくりのことを意味します。ブログを書き続けたり、SNSを更新し続けたり。そのようなコンテンツづくりの積み重ねが、ネットショップのページボリュームを上げて、検索にひっかかったり、興味を持ってもらったりするきっかけになるのです。反面、この「続ける」という行為ができなくなってしまうと、ネットショップのコンテンツが増えないので、ネット上での付加価値が上がらないまま「売れないお店」になってしまいます。

ネットショップ運営者の多くは、売れないと「何かやり方がまちがっているのではないか」「もっと売れる方法があるんじゃないか」と目先の問題ばかりに目を向けてしまいます。また、売上が欲しいあまりに、即効性の高い販促に意識が向いてしまい、結果が出るまで時間がかかる販促を敬遠する傾向にあります。しかし、そのような即効性の高い販促手法は、だれもがかんたんにできてしまうものなので、非常に参入障壁が低くなってしまいます。つまり、**継続して積み重ねて効果が出る売り方のほうが、真似されにくくなり、競合との差をつけるビジネスチャンスにつながるのです。**

自分で締切を決めて、継続する仕事を周りに宣言することで、退路を断つ

ブログやSNSなどのコンテンツづくりを続けるためには、まずは自分で決めた締切を必ず守ることです。たとえば、1日1回ブログを更新すると決めた場合は、どんなに忙しくても、そのルールを守らなくてはいけません。少しでも気が緩んで「明日書けばいいや」と思ってしまうと、ズルズルとやらなくなってしまいます。

また、自分が継続しなくてはいけない仕事は、できる限り周囲に宣言することをおすすめします。

「私はFacebookを3日に1回更新します！」
「メルマガを週に1回必ず出します！」

と周りの友達や仕事仲間に宣言することによって退路を断つことも、継続する環境づくりになります。

コンテンツづくりを継続するにあたり、頭を悩ますのが“ネタづくり”です。「ネタがなくて、ブログやSNSが書けなくなった」という相談は、思いのほか多くの人から聞きます。その場合は、自分の商材の関連検索キーワードを調べたり、質問サイトを調べたりすると、ネタづくりのヒントが見つかるケースがよくあります。自分の商材の話を周囲の人にすると、思わぬエピソードが聞けたりするので、積極的にいろいろな人に話をすることも習慣づけたほうがいいでしょう。

このように意識して工夫をすれば、コンテンツづくりを継続することはそんなに難しいことではありません。たしかに継続することは大変なことかもしれませんが、裏を返せば、継続することさえできればネットショップは必ず売上を作ることができるという意味でもあります。「続ける」ということを強く意識して、ネットショップ運営に取り組んでいきましょう。

自社サイトの販促は、続けなければ効果が出ないものが多い

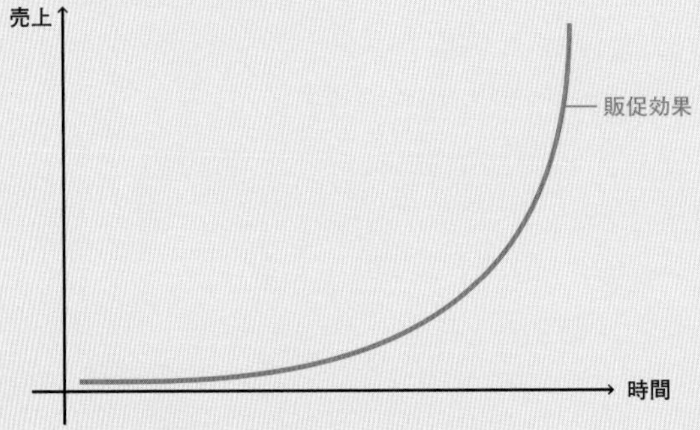

ここがポイント！

自社サイトは集客力が弱いために、どうしてもお客さんが集まるまでに時間と手間がかかってしまいます。そのため、努力した割には結果が出るのが遅く、忍耐力が必要となります。しかし、手間と時間をかけたお客さんは積み重なりやすく、一度集客の方法が固定化されれば、一気にお客さんを増やして売上を急激に伸ばすことができます。諦めずにコツコツ続けられるかどうかが、自社サイトの成功のカギを握っていると言ってもいいでしょう。

読まれにくい自社サイトのメルマガを、読まれるメルマガに変える方法

ひと昔前までは、メルマガはネットショップに必須の販促ツールでした。ネットを通じて、無料で情報を届けて商品を購入させる仕組みは、ダイレクトメールを郵送する一般的な通販と比較して、明らかに低コストでリピート客を作ることができる販促手法でした。しかし、最近ではこのメルマガの販促効果が以前よりも振るわなくなってきました。衰退した理由は、メルマガを乱発し過ぎたことによって、媒体として飽きられてしまったからです。また、メルマガから情報を得なくても、検索やSNSを通じてお客さんが自ら都合のいい情報を得られるようになったことも、メルマガが不要になった大きな要因といえます。

そのような時代背景から、最近はメルマガを出さなくなったネットショップが増加傾向にあります。

自社サイトはメルマガと非常に相性がいい

しかし、多くの人がやらなくなったからこそ、今、メルマガに大きなビジネスチャンスがあるといえます。

その理由のひとつとして、自社サイトはメルマガと非常に相性がいいという点が挙げられます。自社サイトで商品を購入するということは、その商材がとても気に入られている可能性が高いといえます。つまり、お客さんのほうが「もっとその商品の情報を知りたい」という状況に置かれているのです。従来のセール情報だけのメルマガは敬遠されてしまいますが、商品を使うための役に立つ情報や、お店の人しか知らないようなコアな情報であれば、メルマガを通じてでも、定期的に情報が欲しいという人は多く存在しているのです。

また、スマホを通じて、メルマガの読者が増えていることもチャンスといえます。従来のようにパソコンに届くメルマガであれば、迷惑フィルターにかかってしまったり、フリーアドレスで登録してそのまま読まれなくなってしまったりするケースが多々ありました。しかし、本気でその商品の情報が読みたい人は、四六時中読むことができる、スマホに届く正式なメールアドレスを登録するため、お客さんにメルマガが届く確率が以前よりも高くなっているところがあります。また、スマホにインストールされたメールソフトがプッシュ通知でメルマガが届いたことを知らせてくれるので、何気なく届くパソコン向けのメルマガよりも読まれやすくなっているところもあります。

このように、メルマガを取り囲む環境が以前よりも改善していることもあるので、自社サイトは積極的にメルマガを活用していったほうがいいでしょう。

メルマガにはお客さんに情報を半強制的に読ませる力があります。

SNSはフォローしている人が商品に興味をなくしてしまうと、発信している情報を閲覧しに行かなくなります。自分から見に行く意思がなくなってしまうと、お客さんに情報が届けられなくなるため、商品に飽きられてしまうのと同時に、発信している情報も見てもらえなくなるという弱点があります。

特にFacebookやInstagramに関しては、それぞれのアルゴリズムによってフォローしている一部の人にしか情報を届けることができません。たとえば、Facebookの投稿をユーザーに見てもらえる割合は10～15％といわれており、フォローしてくれている人全員に情報を届けることができないのです。

対して、メルマガは半強制的に相手のメールボックスに情報を届けることが可能です。プッシュ型のツールのため、お客さんを囲い込む力がSNSよりも強いといえます。メルマガの開封率は10％前後といわれており、決して高くはありませんが、継続的に情報を読ませて、売りたい側のタイミングで商品をセールスできる利点があります。

メルマガと聞いて古い販促ツールのイメージを持つ人もいるかもしれませんが、見込み客に情報を届けて、それを読ませて、商品を買わせる力でいえば、プル型のSNSよりもプッシュ型のメールマガジンのほうがネット販売には向いているといえます。楽天市場やAmazonが、いまだに見込み客に対してメールマガジンを出し続けている現状を考えれば、Eコマースとメルマガの相性は抜群にいいといえるでしょう。

これからのメルマガは「ファンづくり」のための販促ツール

最近の読まれるメルマガの傾向を見ると、セール情報や商品情報が中心ではなく、コンテンツによる訴求のほうが強まっているようです。読み手側に対して、「この情報は読み続ける価値がある」と判断されるようなメルマガを書かなければ、すぐに配信を解除されて、読まれなくなってしまいます。そのような事情を考えれば、これからのメルマガは、商品を販売するための販促ツールではなく、顧客を囲い込む「ファンづくり」のための販促ツールだと解釈したほうがいいかもしれません。

メルマガの購読率を上げる方法は2つあります。

ひとつは質の良いメールアドレスを集めることです。商品に興味がある人に「メルマガを読んでみたい」と思わせるための入力フォームを作り、自らの意思でメルマガの購読をしてもらえるようにすることが、メルマガの開封率を上げて、購入に結びつけられる最善の策といえます。

もちろん、メルマガの内容やタイトルを工夫することで開封率や購入率を上げることも大切です。しかし、それよりも買ってくれそうな見込み客に確実に情報を届けることのほうが売上につながりやすいため、メルマガを上手に書くテクニックよりも、質の良いメールアドレスを集める戦略づくりのほうに力を入れたほうがいいと思います。

もうひとつは、メルマガの開封率を上げるために効果測定をしっかり行うことです。

メルマガはテキスト文で送ると開封率を測定することができませんが、HTMLで送信すると、利用するメール配信スタンドによっては開封率を測定することが可能になります。

メルマガに張り付けたURLがどのくらいクリックされたのか測定できるため、定期的にメルマガを配信しているネットショップは、効果測定機能のついたメールマガジン配信スタンドを利用されることをお勧めします。

効果検証を繰り返して、メルマガのタイトルや内容を工夫したり、配信日や配信時間を変えたりしながら、開封率や購入率の高いメルマガを作り上げていきましょう。

サイトへの訪問者にメルマガを登録させる方法

サイドバナー　　　　センターバナー

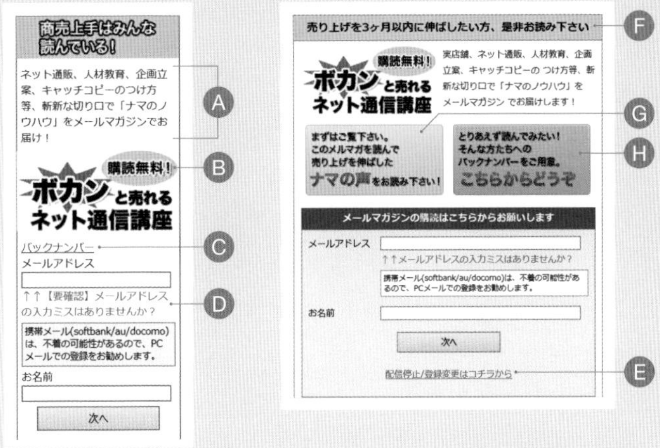

- A メルマガの内容をかんたんに明記。内容をイメージさせる
- B 「購読無料」と明記する
- C バックナンバーのリンクを貼る
- D メールアドレスの入力ミス防止のために注意書きを入れる
- E メルマガの配信、登録変更の案内リンクを入れる
- F メルマガのメリットをひと言で表現するキャッチコピーを入れる
- G メルマガを読んでいる「お客様の声」を載せてイメージを湧かせる
- H バックナンバーを読んでもらうことで、メルマガ購読の抵抗感を排除

【参考】「竹内謙礼のボカンと売れるネット通信講座」
https://e-iroha.com/

他社に絶対に負けない プロのコンテンツづくりのコツ

コンテンツの充実は サイトの顧客満足度と信頼度のアップにもつながる

ネットショップの「コンテンツ」とは、サイトの中にある記事のことを意味します。たとえば、キッチン用品を販売するネットショップであれば、商品を販売するページだけではなく、キッチン用品の歴史やキッチン用品の使い方など、キッチン用品についてくわしく述べているページを作り込むことが、“コンテンツを充実させる”ということになります。

商品の販売とは関係のないコンテンツではありますが、サイト内の記事が増えると、検索エンジンであるGoogle側が「価値のあるサイトだ」と判断してくれて、検索結果で上位に表示してくれるようになります。「コンテンツSEO」という言葉があるぐらい、今のSEOはコンテンツ重視型になっているため、ネットショップの運営にコンテンツの充実は欠かせない販促手法になっているところがあります。また、自社サイトの場合、情報を収集してホームページにたどり着く人も多いので、コンテンツの充実はサイトの顧客満足度と集客力のアップにもつながる施策になります。

また、最近では「オウンドメディア」という自社メディアを使った集客手法を用いるネットショップも増えています。

自社商品と関連するテーマの情報サイトや、ネットで検索されやすい悩み事をテーマにしたサイトを作ることによって、自社商品へ流入する間口を広げて、商品の認知度を高めて購入に結びつけます。自社ドメイン以外のホームページを経由させて、自社のネットショップに誘客する手法は、悩み事が検索されやすい検索エンジン経由のお客さんを集客しやすい利点があり、独自ドメインのネットショップでも多く活用されています。

モールの集客力に頼らないネットショップを構築するためには、独自のコンテンツを充実させて集客力を高めたり、オウンドメディアを活用して集客の間口を広げたりするような、コンテンツを充実させてアクセス数を稼ぐ販促が必要になります。

執筆する記事のネタに関しては、複合キーワードから考察したり、Yahoo!知恵袋などのQ＆Aサイトから探したりすると、お客さんの求めている情報と近い記事が書けるようになります。

「商品を売るのではなく、情報を売る」ぐらいのつもりでコンテンツを作る

記事の内容に関しては、できるだけオリジナルのものを書くことを推奨します。ネットの記事を参考にして書いてしまうと、ありきたりなコンテンツになってしまい、お客さんを満足させることができなくなります。また、コピペに近い記事をアップしてしまうと、Google側が「コピーした記事だ」と質の悪いコンテンツと判断してしまい、検索結果を下げてしまう可能性もあります。そのようなSEOの背景も考慮して、コンテンツはできるだけオリジナルのものを作ることを心がけなくてはいけません。

オリジナルのコンテンツを作るのであれば、情報を持っている人に直接取材をすることが理想です。「自分しか知らない情報」「みんなが知りたいと思っている情報」を独自で取材して、その記事を書くことが、コンテンツをオリジナル化する方法になります。

もし、そのような時間がなければ、本や雑誌から情報を集めて、それをわかりやすい記事にしてまとめてみるのも一手です。そのような手間をかけた記事は新たな検索キーワードを生み出しやすく、SEO的にも有利になりやすいといえます。また、読んでいるほうもそのような役に立つコンテンツを目にすることで、サイトの信頼性を高めてくれるため、顧客のファン化にもなります。

ほかにも、写真や動画などを積極的に活用して、わかりやすいコンテン

ツを作ることも重要です。「こんな有益な情報、タダで読めてしまっていいの？」とお客さんに思われるような記事が、理想のコンテンツになります。そのためにはプロのライターになったつもりで記事を書かなければ、お客さんを満足させるコンテンツを作ることはできません。極論を言えば、「商品を売るのではなく、情報を売る」ぐらいのつもりでコンテンツを作ることが、これからの自社サイト運営には求められるのです。

コンテンツづくりの価値ランク

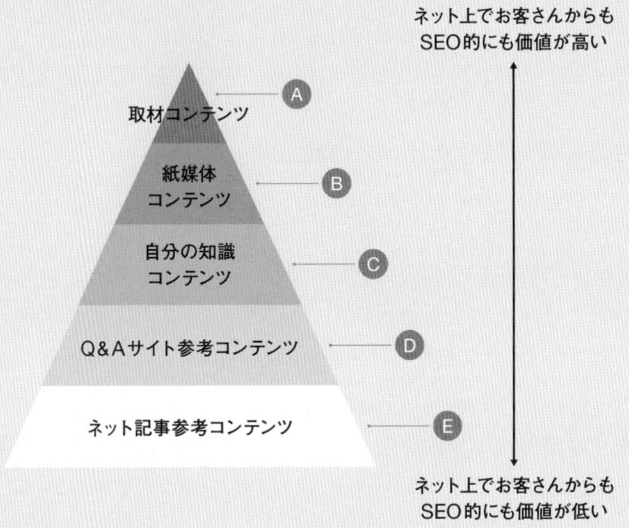

A 情報を持っている人や知識を持っている人に直接会って取材をして、独自の情報を得て記事にしたコンテンツ。オリジナル性があり、SEO的にも価値が高い。

B 新聞や雑誌、本などを参考にして書いたコンテンツ。ネット上で氾濫している記事ではないため、オリジナル性が高い。また、コンパクトにまとめられているので、要点もつかみやすい。

C 自分の頭の中にある知識や経験で書くコンテンツ。オリジナル性はあるが、ハイレベルな知識がなければ、記事そのものが浅はかなものになってしまうので注意。

D Yahoo!知恵袋などのQ＆Aサイトから情報を収集して、1つの記事にまとめる。ただし、正確性に欠けることと、ネット上での記事のオリジナル性が弱くなってしまうため、コンテンツの価値としては低くなってしまう。

E ネット上にあるニュースや記事を参考にして執筆した記事コンテンツ。まとめやすい反面、出回っている情報のため、コンテンツとしての価値が低くなってしまう。類似記事にもなりやすく、SEOとしても効果は弱い。

文章やイラストで
ライバルのネットショップと差別化する

お客さんは常に他社と比べて商品を買っている

ネットで商品を購入するということは、お客さんは「他社と比べている」ということを意味しています。たとえば、検索窓に「長財布」と入力した人は検索結果を見て「どの長財布がいいかな？」と探している状況になります。つまり、ネットで商品を売るには、常に競合他社と比較されながら商品を販売していることを意識して戦略を立てなくてはいけないのです。

そのような事情を考慮すると、ネットショップは自分の商品の良いところを述べるのではなく、他社と比較して優れている点をアピールしたほうが、お客さんの購入意欲を高めることにつながります。「この長財布は、丈夫で長持ちしますよ」という言葉よりも、

「同じ価格帯の長財布の中では、一番長持ちしますよ」

という言葉のほうが、お客さんの“比較している”という心境にはピッタリと当てはまるのです。

使い方とメリットがわかりにくい商品は、
ビジュアルを利用したほうが伝わりやすい

ライバルのネットショップと差別化するもうひとつの工夫として、イラストや漫画を多用する方法があります。文章や写真はどのネットショップもかんたんに使うことができますが、イラストや漫画などの視覚で訴えるコンテンツは制作するのにひと手間かかるので、ライバルのネットショッ

プとの違いが明確になります。

また、商品説明をする際に、マンガやイラストを活用すると、よりお客さんの理解度を深めるメリットもあります。たとえば、布団乾燥機を販売する場合、布団乾燥機の写真と文章だけでは、説明が複雑になってわかりにくくなります。しかし、マンガやイラストを織り交ぜると、情報がより視覚的に伝わり、わかりやすいものになります。特にスマホの場合、画面が小さいことから、文字を読むことが億劫になりがちです。マンガやイラストで商品を説明すると、スマホでもストレスなくお客さんに情報を読ませることが可能になります。また、ファーストビューでマンガやイラストを見せると、興味を持ってスクロールしてくれるようになります。

マンガやイラストの説明をつける商品は、使い方が複雑だったり、わかりにくかったりするものが適しています。車のパーツや健康器具など、使い方とメリットがわかりにくい商品は、文章や写真では説明しにくいため、イラストや動画で伝えたほうがわかりやすかったりします。また、商品の開発秘話や売り手側のこだわりなども、文章で書いてしまうと読み流されてしまいますが、マンガにすると興味を持って読んでくれるようになります。

情報はできる限り絞り込んで

マンガやイラストを描いてくれる人は、「ランサーズ」や「クラウドワークス」などのマッチングサイトを活用して探すといいでしょう。在宅で、数千円から数万円程度の報酬で描いてくれる人が多数在籍しているので、好みのイラストレーターや漫画家を見つけて、執筆を依頼することが可能です。ただし、依頼する際はできる限りラフなイラストを描いて、クリエイター側にイメージを伝える努力をするようにしましょう。また、依頼する側は、「あれも描いてほしい」「これも描いてほしい」と、いろいろ情報を詰め込み過ぎてしまう傾向にあります。気がつけばマンガなのに文字だらけになってしまうことがあるので、依頼する側は表現する情報をできる限り絞り込んだほうがいいでしょう。

常に競合他社を意識する

競合他社と比較されても勝てるネットショップにするためには、まずは、自分のサイトのライバルがどこのお店になるのかを調べる必要があります。検索結果で自分のサイトよりも上位にいるネットショップや、価格帯が似通っているネットショップなど、お客さんが見比べていると思われるサイトは、ひととおりマークしておいたほうがいいでしょう。

そして、競合になるサイトがわかれば、常にそのネットショップよりも写真や商品説明文のレベルは上にいくように心がけてください。写真の点数を増やしたり、商品説明文を増やしたりして、常に"上"を目指すのです。特に、競合他社が書いていない情報コンテンツを書いたり、ライバル店舗では扱えない商品を販売したりすることは、大きな差別化になります。常に「競合他社のやっていないこと」を意識して、販促に取り組むことにしましょう。

ライバルのネットショップというのは、考えるだけでもイライラするものです。真剣に相手にしてしまうと、どうしても苛立ちを覚えてしまいます。しかし、だからといって相手の動向を見なかったり、バカにしていたりすると、いつの間にか足元をすくわれてしまいます。そのような事態にならないためにも、ほどよい距離を保ちながら競合他社のネットショップを観察し、"比較されても勝てるサイト"を目指して差別化を図っていかなくてはいけません。

極論を言えば、朝、会社に着いてパソコンを立ち上げたときに、GoogleやYahoo!のポータルサイトが立ち上がるのではなく、ライバル店のネットショップをスタートページとして設定しているぐらいの覚悟が必要といえます。

ここがポイント！

競合他社との差別化のコンテンツとして4コマ漫画はおすすめです。スマホサイトのコンテンツとしても、文章を読むストレスがなくなる利点があります。短くコンパクトにまとめたことにより、商品のメリットが伝わりやすく、イメージも湧きやすくなります。事例の４コマ漫画の構成案を参考にして、独自の漫画を描いてみましょう。

お客さんに伝わる4コマ漫画の構成

A 起

1コマ目は悩んでいる様子を描く

B 承

解決してくれる人と商品が登場

C 転

実際に使ってみる。
他社と違うポイントを述べる

D 結

価格訴求や特典を強調。
「買う」を一歩近づけさせる

中級編 | CHAPTER 05

売上を一気に加速させる セール販売とポイント活用の極意

1～2週間ぐらい前からセールの告知を始めて、1～3日ぐらいの短期決戦で

自社サイトのセール販売を成功させるためには、まず顧客を抱えていることが大前提となります。メルマガやSNSなどでお客さんを囲い込んでいなければ、検索で偶然やってきた新規顧客に対して、安売りをするだけで終わってしまいます。結果、定価で商品を買おうとしている人に対して安く商品を売ってしまうために、何のためのセール販売をしているのかわからなくなってしまうのです。このように、自社サイトは楽天市場のように広告を使ってセール告知ができないため、セール販売を実施するのであれば、お客さんをSNSやメルマガで囲い込んでいることが大前提となります。

ただし、お客さんを囲い込んでいたとしても、突然セール販売の告知をしてしまうと、お客さんの心構えができていないために、商品を購入することに躊躇してしまいます。そのため、1～2週間ぐらい前からセール販売の告知を始めて、お客さんに心の準備をしてもらう必要があります。また、セールの開催時期を決めておくと、お客さんのほうから購入の準備をしてくれるので、セールの開催シーズンは、毎年固定したほうがいいでしょう。

セールの開催時期ですが、6月下旬～7月上旬と、11月下旬～12月上旬のボーナス時期がおすすめです。また、楽天市場やAmazonなどのセール販売の時期に合わせると、自社サイトにもお客さんが流れてくることが多々あるので、大手ショッピングモールのイベントに合わせてセールを開催してみるのも一手です。ほかにも、一般的な給料日である毎月25日以降

や、年金支給日の偶数月の15日以降にセールを開催すると、ほかの時期と比較して売上が良くなる傾向にあります。

ただし、セール期間が長くなってしまうと、ネットの場合、お客さんが「いつでも買える」と思ってしまい、テンションが下がってしまいます。そうならないためにも、ネットショップの場合は1～3日ぐらいの短期決戦でセールを開催したほうが得策といえます。

セールの目的をしっかり定めて、ほどほどの回数に留めるのが得策

セール販売はかんたんに売上が作れるために、経営者にとったらクセになってしまうところがあるので注意が必要です。頻繁にセールを開催してしまうと、お客さんのほうも商品を購入することを待ってしまうので、逆にお客さんの購入サイクルを鈍くさせてしまう恐れがあります。

そうならないためにも、セール販売はほどほどの回数に留めて、商品開発やコンテンツの充実に力を入れて、安売りに頼らない売り方に力を注いだほうが得策といえます。

また、セール販売の目的を定めると、同じセール販売でもメリハリがついて、お客さんを飽きさせない販促企画になります。たとえば、

「在庫処分が目的なのか？」
「顧客満足度を上げることが目的なのか？」
「売上を作ることが目的なのか？」

など、しっかりとした目標設定をすると、ページの見せ方やキャッチコピーにもバリエーションが増えて、お客さんに楽しんでもらえるセールをコンスタントに開催できるようになります。

中級編 | CHAPTER 06

自社サイトの「ポイント」を100%活用して売上を伸ばす方法

特に新規のお客さんへのポイント還元は大胆に

楽天市場がお客さんの囲い込みに成功している理由のひとつが「楽天ポイント」を活用していることにあります。楽天ポイントは楽天市場のいろいろなお店で使えるだけではなく、楽天トラベルや楽天ブックスでも使えるため、その多様性にお客さんがメリットを感じて、楽天市場で積極的にネット通販を利用しています。

しかし、自社サイトでは楽天市場のようにポイントを活用したセール販売を展開しづらいところがあります。いろいろなお店で使えるポイントであれば、ポイント還元セールをきっかけにして、ほかのお店からも見込み客を獲得することができるのですが、自社サイトでは1店舗でしか使えないポイントになってしまうため、リピート客にしかメリットのない販促企画になってしまうからです。

自社サイトのポイントを活用した販促では、思い切ったポイント還元戦略が必要になります。特に、新規のお客さんに対しての大胆なポイント還元は、リピート客の育成にもつながります。たとえば、5000円の洋服を自社サイトで購入した場合、1%のポイントが還元されても、お客さんが手にするのは50円しかありません。そうなると「そんな小額だと、お得感を感じない」という理由で、販促効果のないポイントの還元で終わってしまいます。しかし、ここで10%のポイントを還元すると、10倍の500円を手にすることになります。そうすると、得られたポイントが大きくなるので、「次にこの店で買おう」という意識を強く持ってくれるようになります。

楽天市場やAmazonに負けない自社サイトのポイント活用法

futureshopでは、ポイントやクーポンを付与するサービスを使用することができます。さまざまなサービスに対応できるため、独自のユニークな販促を展開することが可能になります。

たとえば、お客さんが初回に購入する商品に対して、“会員登録ポイント”と称して最初からポイントを付与します。これにより、初回の商品購入のハードルを下げることができて、なおかつ会員としても囲い込むことができます。お客さんのほうも「せっかくポイントがあるのだから」という心境になるので、2回目の購入につながりやすくなります。

また、クーポンに関してもfutureshopではさまざまなパターンで発行することが可能です。たとえば、繁盛期にだけクーポンを配布することができるので、2～3ヶ月後の閑散期に再びクーポンを利用してくれるお客さんを誘客して売上を伸ばすことができます。アパレル品やブランド品のような、売上の差が激しい季節商材を取り扱っているネットショップは、クーポンの活用によって、繁盛期と閑散期の波を最小限に抑えることが可能になります。

ほかにも、futureshopでは購入金額によってクーポンの利用を設定することができるため、「8000円以上購入すると使えるクーポンです」と謳って、客単価を引き上げる戦略も展開することができます。

クーポンやポイントと聞くと安売りのイメージを持ってしまう人が多いと思いますが、このように機能性のあるカートサービスを利用すると、楽天市場やAmazonにも負けない販促が展開できるようになるのです。

自社サイトのポイントの使い方

- 「お客様の声」を投稿してくれたらポイント付与
- ごく一部の常連のお客さんしか参加できない
  シークレットセールでポイント還元
- どうしても売上を作りたいときにポイント還元セールを実施
- 実店舗でもポイントを使えるようにする
- 初回の買い物で一気にポイントを還元して、
  ほかのお店で買えない気持ちにさせる

お客さんも納得してくれる値上げの方法

保証や特典をつけることで販売価格をぼやかしてしまうのも一手

物価や人件費の上昇により、ネットショップは常に「値上げ」と向き合って商売をしていかなくてはいけません。

「値上げをすると、お客さんに逃げられてしまう」
「他店より高くなってしまうと、売れなくなってしまう」

と、値上げに二の足を踏んでしまう人も多いのですが、値上げをしないことによって利益が削られていくのであれば、多少のリスクを背負ってでも値上げに踏み切ったほうが得策といえます。

値上げを敢行するためには、まずはお客さんをファン化することです。メルマガやSNS、ダイレクトメールなどを活用して、商品の良さを理解してもらうことができれば、多少の値上げをしても「その商品が好きだから」という理由でお客さんは買い続けてくれます。

また、リピート商材ではない場合は、お客さんが以前の価格を知らないため、値上げをしてもわからないケースがほとんどです。値上げして他社よりも販売価格が高くなっても、保証や特典をつけて、ほかのお得感と混ぜ合わせることによって、販売価格をぼやかしてしまうのも一手です。

より高い商品に誘導したり、セット買いを促したりして、客単価を上げていくのも大事

より高い価格の商品を買ってもらうためには、3つのグレードを見せて

販売する販促もいいでしょう。そうすると、「安いものを買うと損をする」という意識が明確になり、中間の価格の商品か、高い価格の商品を購入するようになります。また、セット買いを促したり、ギフト品の対応をしたりして客単価を上げていくことも、オーソドックスな値上げの施策のひとつといえます。

気になる値上げの告知方法ですが、「値上げしました」とおおっぴろげに告知を出すことは、あまり得策ではありません。よくホームページやSNSなどで、値上げしたことを宣言するネットショップを目にしますが、そうするとお客さんのイメージの中で「高い」という印象を強く植え付けてしまうため、必要のない買い控えまで引き起こしてしまいます。しかし、だからといって、まったく告知しないのも不義理なことになってしまうので、ホームページなどの新着情報のところに、目立たないぐらいにサラッと告知して留めておくぐらいでいいと思います。

今後、人件費や原材料の上昇、増税や送料の値上げによって、ネットショップ運営の経費は現状よりも上昇していくことはまちがいありません。小売業は常に値上げと背中合わせの商売なので、各ネットショップで値上げの方法はマニュアル化しておいたほうがいいと思います。

価格と客数は比例する

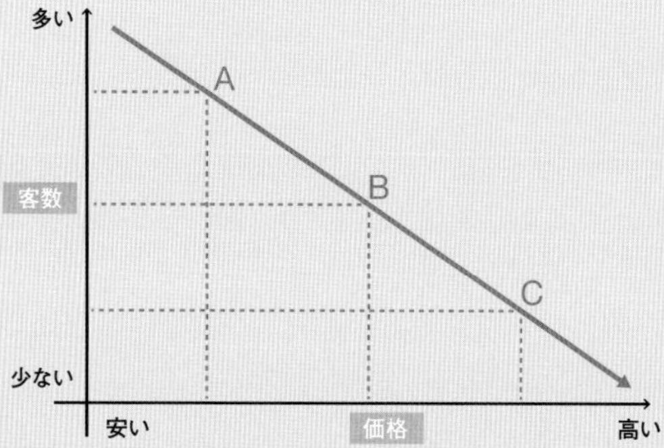

ここがポイント！

上の図は縦軸が「客数」で、横軸が「価格」になります。Aでは、価格が安くて客数がキープできていました。しかし、Bに値上げすると客数は下がり、さらにCまで値上げすると客数はさらに下がります。しかし、AとBとCが作り出す縦軸と横軸の面積は変わりません。つまり、値上げしても、客数さえキープしていれば、売上が下がることはないのです。値上げの戦略を展開しているときこそ、集客さえ手を抜かなければ、売上が落ちることはありません。

Googleアナリティクスは数字に距離を置いたほうが、的確な判断ができる

「比べる数値」があって初めて変化を読み取ることができる

自社サイトのデータ収集のために、アクセス解析ツール「Googleアナリティクス」を活用しているネットショップは多いと思います。無料で利用できて、ネットショップのアクセス人数や直帰率など、売上アップの戦略構築に必要なデータを入手することができます。

Googleアナリティクスを解析するうえで必要なのは、“比較”することです。対前年比や対前月比のように、比べる数値があって、初めて変化を読み取ることができます。

「6月のアクセス数が5000でした」

という1つの数字を見せられても、わかることは何もありません。

「昨年の6月のアクセス数が5000で、今年の6月は1万に上がりました」

という比較する数字がわかって初めて「何かアクセス数が変わるような施策があった」という気づきが生まれて、戦略の考察ができるのです。

規模が小さければ、数字の違いは“誤差”でしかない

ただし、月商100万円未満の自社サイトであれば、Googleアナリティクスのデータに振り回されすぎるのも得策ではありません。そのくらいの売上規模の場合、「売れる」「売れない」の波が起きやすく、アクセス数と売

上のデータに相関関係がなくなってしまうからです。そうなると、集まってくるデータというのが“偶然”の結果になってしまい、正確な施策ができなくなってしまいます。

たとえば、月間で1万アクセスあったネットショップが、8000アクセスに落ちたとしても、Eコマースのサイトでは1000～2000のアクセス数の違いは誤差レベルでしかありません。つまり、ホームページや商品に何か問題があるのではなく、「偶然、サイトに来る人がこの時期は少なかった」というだけで、このデータからわかることは何もありません。その他の直帰率や滞在時間、転換率も、数値が小さすぎると出てくる数値がアクセス数と同じで誤差になってしまうので、数パーセントぐらいの違いであればまず気にする必要はありません。そもそも、集まってくるお客さんの質が良ければ、アクセス数が少なくても商品は売れますし、集客のための検索キーワードが抽象的なら、アクセス数が多くても転換率が悪くなってしまいます。

このように、Googleアナリティクスで集まるデータというのは、小さな売上ではあまり参考にならないところがあります。しかし、それでも、数値の推移を見ると「今、自分のネットショップがどういう状態なのか」がわかるので、ほどよく距離を置きながら、数値をチェックする程度の付き合い方が求められます。

Googleアナリティクスで見るべき4つのポイント

アクセス数の変化	売上	対策	状況
アクセス数が変わらない	伸びている	商品力が良い。ページが良い。地道な努力でファン客がついてきているので、今の施策を続けていけばさらに売上は伸びる。	◎
	落ちている	他社にお客さんを持っていかれている。「ページの訴求力」「価格」「商品力」の3点を改善すれば売上は回復する。	×
アクセス数が落ちる	伸びている	お客さんの質が良いので即買いしている。店舗名、商品名で検索している人が増えているので、ブランド力が向上している。	○
	落ちている	露出状況が悪い。SEO、リスティング広告を見直す必要あり。競合他社に市場を押えられている可能性があるので、早急に対策を。	×
アクセス数が伸びる	伸びている	全体的に好調。アクセス数と売上が伸びている要因を探れば、さらに業績は上がる。	◎
	落ちている	ページの「買わせる力」が今ひとつ。写真やキャッチコピー、お客様の声などを改善して、ページの購入させる力を上げる。	△
あるページだけアクセス数が突出して増加している	伸びている	集客できる穴場キーワードを持っている可能性があるので、検索結果をチェック。	○
	落ちている	ページの構成に問題あり。または販売価格が市場とズレている可能性もあるので、競合他社の商品を確認したほうがいい。	△

ここがポイント！

集客の施策を計画的に行っていなければ、どこからアクセスが来ているのかわからないため、Googleアナリティクスの数値を見ても何も判断することができません。つまり、「数」がわかっていても「質」がわからなければ、適切な判断ができないのです。そのため、Googleアナリティクスを導入して施策を展開するのであれば、SEOやリスティング広告、SNSの集客の施策を計画的に行っていることが大前提となります。そのような施策を打ち出していなければ、そもそもデータを見ても対策を打ち出すことができないのです。

そのうえで、先述したGoogleアナリティクスのデータを精査する必要があります。チェックするポイントは「アクセス数」のみでかまいません。それに対して、売上が伸びているのか、落ちているのかをチェックして、適切に判断していきましょう。

かなり抽象的な表現で申し訳ないのですが、月商500万円以上、アクセス数が月に5万アクセスぐらいから、これらの数値データは役立っていくのではないかと考えています。もちろん、この数値は私の個人的な感覚値であり、商材や客単価にもよって状況は大きく変わります。しかし、小規模の売上のネットショップであれば、アクセス数よりも売上をベースに、状況を冷静に判断して、売上アップの施策を考えていくようにしたほうがいいと思います。

中級編 | CHAPTER 09

接客メールは「数をこなす」のか「ファンを作る」のかメリハリをつける

趣味性が高く、リピート率の高い商品であれば、売り手側の存在がはっきりわかるように返信

売上が伸びてきたら、対応メールのテンプレート内容を再度見直すことをおすすめします。開店当初の頃の対応メールは、ネットショップをオープンさせることに意識が向いてしまい、乱雑なテンプレートになっている可能性があります。たとえば、問い合わせの対応メールが意味不明な敬語の文章になっていたり、クレーム対応のメールが失礼なあいさつ文になっていたり —— 気がつかないうちに、お店の印象を悪くしてしまっているメールを返しているケースが多々あるのです。

また、売上が伸びてくると、お客さんの問い合わせメールに対してどこまで手間と時間をかけて返信すればいいのか、悩みどころでもあります。丁寧なメールを返せば、お客さんはお店のファンになってくれるかもしれません。一方で、機械的なメールを返すとお客さんは離れていくかもしれませんが、カスタマーサポートの仕事の効率は格段に良くなります。この対応の判断については、ネットショップの運営方針を決めて、できるだけメリハリをつけてメールを返すようにしたほうがいいでしょう。

たとえば、趣味性が高く、リピート率の高い商品であれば、メール対応は売り手側の存在がはっきりわかるメールを返したほうがいいと思います。対応した人物の名前をメールの冒頭で名乗り、感情が伝わる言葉を使い、絵文字を使ったり、感嘆符のついた言葉を返したりして、ひとりひとりの問い合わせに対して丁寧にメールを返すことを心がけましょう。

一方、日常的な商品で、リピート率の高くない商品の場合は、効率重視でメールを返すことをおすすめします。買い手側もメールの内容にあまり

期待していないところがあります。そのため、感情をあまり挟まない機械的なメールを返しても、売上が落ちることはほとんどありません。

メール対応をドライなものにしても、売上が落ちないネットショップが多い

この両極端なメールの返し方のスタンスに関しては、賛否両論があると思います。しかし、最近はメール対応による接客サービスの差よりも、サイト内のコンテンツの差や、商品力の差のほうが売上に影響を与えやすいところがあります。メール対応の内容に関しては、昔のように感情をこめて丁寧に返すことよりも、機械的なメールを効率よく返したほうが、メール対応の数をこなすことができて、売上が伸びやすいところがあるのです。

「丁寧なメールを返さなければ、お客さんが逃げてしまう」というのは、メール対応をする人の思い過ごしのようなところが多々あり、メール対応をドライなものにしても、案外売上が落ちないところが多いのが現状です。そのような事情を考慮すれば、よほど個性的でファンづくりが必要な商材ではない限り、テンプレートのメールさえしっかり作り込んでいれば、効率重視でメール対応をしたほうが今のネットショップ運営には適しているといえます。

メール対応のテンプレートで犯しやすいミス　ベスト5

☑ 敬語や丁寧語を使い過ぎて、意味不明な文章になっている

「お客さんに丁寧に返す＝丁寧語や敬語をたくさん使う」と誤解している人が多い。文章が不自然に長くなり、逆に誠意が感じられない文章になってしまう。特に初期の頃に制作したテンプレートに多いミスなので、再確認したほうがいい。

☑ お客さんがどのようなリアクションを取っていいのか、わかりにくい

返品や返金の手続きの案内がわかりづらい。お客さんに「メールを折り返し出せばいいのか」「電話をすればいいのか」など、具体的なアクションを提示する必要がある。重要な部分は行間を空けて、メリハリのあるメールを返すこと。

☑ テンプレートなのに、作り込んでいない

テンプレートメールだからこそ、レベルの高い接客メールを徹底的に作り込んで、スタッフ全員で共有しなくてはいけない。第三者にチェックしてもらい、文章の内容を再確認したほうがいい。

☑ 謝罪が少ない

謝罪メールでは、最初と真ん中と最後の計3回謝る。原因を明記するだけではなく、改善策も伝えなければお客さんの怒りは収まらない。トラブルが長引きそうな場合は、すぐに電話対応に切り替えること。

☑ 売上を取りにいっていない

問い合わせや質問に対しては、ただ答えるだけではなく、回答をしながらほかの商品も勧めるクロスセルが必要。おすすめ商品やセット買いに関する案内のテンプレートメールも制作しておくこと。

送料無料になる適正の「合計金額」を見つけて、客単価アップを狙う

合計金額が下がれば送料負担の持ち出しが増え、合計金額が上がれば注文数が減る

よくネットショップで「○○○○円以上購入すると送料無料」というキャッチコピーを見かけます。これは、お客さんに“送料無料”というハードルを与えることによって、できるだけ多くの商品を同時に購入してもらうための戦略のひとつです。

この買い物の合計金額の設定は、思いのほか難しいところがあります。合計金額が下がればその分注文数は増えますが、送料負担の持ち出しが増えてしまい、利益率が下がってしまいます。反対に、合計金額が上がれば送料負担の持ち出しが抑えられますが、今度は注文数が減ってしまいます。まさに「帯に短し、襷に長し」なのです。しかし、この送料無料の設定金額の調整を何度か繰り返していくうちに、利益が出て、なおかつ注文数が取れる合計金額がわかるようになります。その送料無料の適正合計金額が導き出せるようになれば、ほかの商品も売れるようになり、客単価が着々とアップしていきます。

Amazonが送料無料を展開するだけではなく、楽天市場も3980円以上の買い物に対して送料無料を打ち出して、サービス向上を図っています。

お客さんがネットで商品を購入する際に最も気にするのは送料です。今後、送料が有料か無料かわからない自社サイトで商品を購入するよりも、確実に送料が無料になる楽天市場やAmazonで買い物をするお客さんが増える可能性は十分にあります。

しかし、だからといって送料を無料にして販売してしまうと、売り手側がどこかでその送料分を負担しなければいけなくなります。問題をシンプ

ルにまとめると、送料無料にすると売上は伸びますが、売れても儲からなくなるというのが、ネットショップの送料無料問題の核心部分になるのです。

自社サイトの送料無料問題を解決させる方法は2つしかありません。

ひとつは、送料を負担しても儲かるようなビジネスモデルに転換することです。原価率を下げたり、システムを導入して人件費を下げたりして、利益を確保しつつ、楽天市場やAmazonと同等の送料無料という立場で自社サイトを運営することです。

もうひとつの方法は、送料を有料にしても「買いたい」と思ってもらえるネットショップを運営することです。楽天市場やAmazonで売られている商品では代替えできないオリジナル商品で、なおかつお客さんが送料を払ってでも「欲しい！」と思ってもらえるブランディングを確立することができれば、送料を無料にしなくても自社サイトで売上を伸ばすことができます。

小さな会社が自社サイトで販売する場合は、原価率や人員削減には限界があるので、後者のスタイルのほうが得策といえます。ブランディングを高めて、送料を払ってでも欲しいとお客さんに思ってもらえるような販促を仕掛けたほうが、息の長いネットショップになると思います。

「いかに1回の買い物で、たくさんのお金を使ってもらえるか？」が売上アップのカギ

ほかにも、客単価アップの手法としては、一緒に購入する商品をナビゲーションしていく手法があります。Amazonで商品を購入した際に表示される「よく一緒に購入されている商品」「この商品を買った人はこんな商品も買っています」というキャッチコピーは、思わずもう1品購入してしまう販促の仕掛けといってもいいでしょう。

また、自社サイトの場合は、商品を同梱させるだけではなく、付加価値のあるサービスを一緒に申し込んでもらうことによって、客単価を上げることもできます。たとえば、10年間の修理サービスをつけたり、無料相談

やコンサルティングサービスをつけたりして、商品の付加価値をアップさせるのも一手です。地域密着のビジネスであれば、取り付けサービスや出張サービスをオプションで申し込ませたりするのも、客単価アップの手法としては面白いと思います。

自社サイトの場合、集客力が弱い分、「いかに1回の買い物で、たくさんのお金を使ってもらえるか？」が勝負となります。サイトに訪れたお客さんに、1品でも多く商品を購入してもらうような工夫を積み重ねることが、確実な売上アップにつながっていくのです。

まとめ買いの「送料無料」は、
試行錯誤を繰り返さなければ答えは出ない

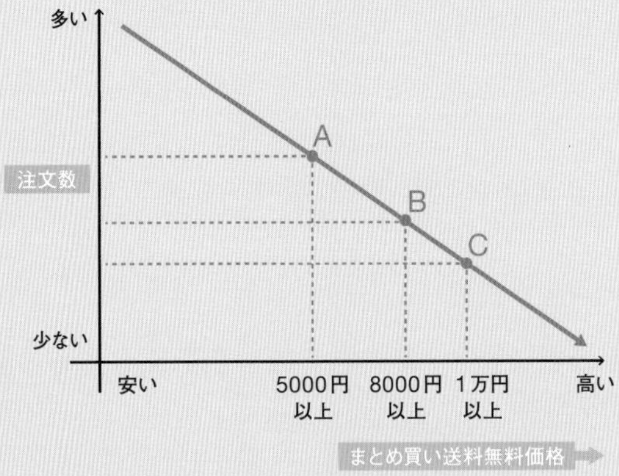

ここがポイント！

送料無料になる「まとめ買い」の合計金額を感覚や思い込みで設定してしまうと、市場とズレた価格設定になってしまうケースが多々あります。左の図でいうと、A、B、Cのどこかのポイントが適正金額になります。「まとめ買い」の金額を3種類ぐらいテストして、最も利益率が良くて、注文数が多かった金額設定で、「まとめ買い」をアピールしていきましょう。

Amazonにお客さんを根こそぎ持っていかれないための対策

価格競争で勝負してはいけない

商品点数も多く、価格も安いAmazonは自社サイトにとって脅威の存在といえます。配送スピードも速く、当日には商品が届くエリアもあることから、実店舗にとっても手ごわい商売敵になります。

そんなAmazonに対抗するためには、まともに価格競争で勝負をしないことです。Amazonは「Eコマースの部門で赤字になってもかまわない」という姿勢で価格競争を挑んでくるので、まともに競り合っても勝てる相手ではありません。Amazonのほうが自分たちの販売価格よりも安く売り始めたら、熱くならずに、冷静に対応することをおすすめします。

アフターサービスなどAmazonにはない付加価値をアピールしよう

Amazonにお客さんを持っていかれないためには、Amazonにはない付加価値を打ち出して、差別化の強化を図っていきましょう。たとえば、Amazonは商品の売買の仕組みしか持っていないので、保証や修理に関してはフットワークが良いわけではありません。もちろん、サイトの中を探せば充実したアフターサービスがあることはわかるのですが、Amazon自体、あまりその点を表に大きく打ち出してアピールしていないので、ネットの初心者ユーザーでは購入の際に不安になるところが多々あります。そのような弱点を逆手に取って、電話番号を大きく載せたり、アフターサービスや修理・返品に快く対応できたりすることをアピールしたりして、お客さんに自社サイトとしての付加価値を理解してもらうようにしましょう。

オリジナルの商品であれば、「公式サイト」を大きくアピールするのも一手です。

「最近、類似商品がネット上に出回っているのでご注意ください」
「ホンモノが買えるのは本店サイトだけです」

というキャッチコピーで自社サイトの公式性を強調するとともに、「ほかのサイトで買うと失敗しますよ」というコンテンツを充実させることもAmazon対策の一環になります。

ほかにも、オーダーメイドやラッピングサービスなど、Amazonにはできないサービスを提供して、お客さんにサイトの付加価値を理解してもらうようにしましょう。

地域名や形容詞を付け加えて、Amazonが上位を取っていない穴場の検索キーワードを探す

集客の面でも、Amazonは手ごわい相手になります。検索すると、Amazonはほとんどの商品の検索結果で上位を押さえており、どんなに自社サイトがSEOをがんばっても勝てないところがあります。

その場合は、地名や形容詞を複合キーワードとして付け加えて、Amazonが上位を取っていない穴場の検索キーワードを探すといいでしょう。たとえば、

「大阪　キッチン用品」
「キッチン用品　可愛らしい」

などの地名や形容詞の言葉ではAmazonは上位表示をほとんど狙ってきません。このように、まともにAmazonと戦うのではなく、少し検索キーワードをずらしてAmazonと戦う方法を模索するのが、小さな自社サイトがAmazonに勝てるやり方だと思います。

Amazon Payを導入して売上アップを狙う

Amazonの利便性を生かして、自社サイトの売上を伸ばす手法もあります。

たとえば、futureshopでは自社サイトで商品を購入する際、Amazonに登録している氏名、配送先住所、クレジットカードの情報で買い物ができる「Amazon Pay」の支払いサービスを導入することが可能です。

自社サイトで新たな個人情報やカード情報を入力する必要がなくなるため、新規のお客さんの商品購入が非常にスムーズになります。特にスマホサイトで購入する人にとっては、Amazonの情報がそのまま利用できると、小さい画面で面倒な個人情報を入力する手間が省けるので、自社サイトでの購入率を一気に上げることができます。

なお、futureshopではAmazon Payのほかに、楽天市場の情報で買い物ができる「楽天ペイ」を始め、電子マネーの「PayPay」「d払い」を使って決済できるサービスも提供しています。支払い方法が多様化する中、自社サイトでも他社の支払い方法を導入することで売上増を狙っていくのも一手だと思います。

ただし、カートサービスによっては「Amazon Payの機能搭載」と書いておきながら、自社の会員登録につながりにくかったり、会員情報を再登録しなくてはいけなかったり、サービス内容が統一されていないケースもあります。

導入する際は、実際にそのカートサービスを使用しているネットショップでAmazon Payを利用して購入してみて、どのような機能になっているのか確認してみることをお勧めします。

Amazonに勝てる売り方7施策

- ☑ オーダーメイド品
- ☑ アフターサービスが充実した商品
- ☑ 取り付け設置商品
- ☑ Amazonより安く売るもの
- ☑ Amazonでは取りそろえていないサイズやカラー
- ☑ ラッピング対応、ギフト対応
- ☑ 電話注文

楽天市場で買わせずに、自社サイトで商品を買わせる方法

楽天スーパーセールと自社サイトのセールを同時展開、自社サイトの販売価格を安くする

楽天市場の強さは、やはり日本で最も強力な“集客力”を持っている点にあります。メルマガによる集客力、検索による集客力、ポイント還元による集客力 ―― この集客力は、月額の手数料を払ってでも手に入れたい魅力があります。一度でもこの集客力を体験してしまうと、地道に自社サイトを運営していくことがバカバカしいと思えてしまうぐらいの、麻薬的な集客力が楽天市場にはあります。

しかし、この楽天市場の集客力をうまく活用して、自社サイトの売上を伸ばす方法もあります。たとえば、楽天市場が最も売上を伸ばす「楽天スーパーセール」の時期に、自社サイトでもセールを展開してみるのもいいでしょう。楽天スーパーセールが始まると、楽天市場の商品をチェックすると同時に、お気に入りの自社サイトのネットショップの商品も閲覧するお客さんも増えます。それに狙いを定めて、楽天スーパーセールと自社サイトのセールを同時展開してみるのも一手だと思います。

ほかにも、楽天市場と自社サイトを並行運用しているネットショップは、「自社サイトの販売価格を安くする」という戦略も面白いと思います。楽天市場に支払っている手数料などの経費分を差し引くと、魅力的な販売価格を提示できるネットショップも多いと思います。

「自社サイトがあるのではないか？」と思ってもらうための ちょっとした工夫とは

肝心の自社サイトへの誘導方法ですが、露骨にやってしまうとペナルティを受ける可能性があるので、慎重に対応しなくてはいけません。方法としては、楽天市場のネットショップに、大きく「楽天市場店」という文字を掲載することです。サイトのいたるところに「楽天市場店」という文字を掲載することによって、お客さんのほうも「自社サイトがあるのではないか？」と勘繰り始めてくれます。そして、自社サイトにアクセスしてみると、販売価格が楽天市場よりも安ければ、お客さんが自社サイトのほうで商品を購入してくれる可能性が出てくるのです。

もちろん、楽天市場にはポイントの魅力があるので、そうかんたんには自社サイトで商品を購入してもらうのは難しいと思います。しかし、それでも、自社のほうに少しでもお客さんが流れてきてくれる可能性があるのならば、やはりその施策を展開してみる価値はあると思います。

ほかにも、電話対応を強化したり、実店舗の案内を強化したりすることも、“楽天市場対策”の一環になります。また、楽天市場で競合の商品があれば、そこには必ずお客さんからのレビューが入っています。そこで悪い評判のものがあれば逆にそのポイントを自社サイトで強化して、キャッチコピーやコンテンツでアピールするのもいいと思います。

自社サイトよりも圧倒的な集客力を持つ楽天市場に対して、自社サイトならではの販促手法で対抗策を講じていきましょう。

ボーダレス化するEコマース市場

R…楽天市場　A…Amazon　Y…Yahoo!ショッピング

ここがポイント！

2000年～2012年頃にかけて、Eコマース市場は楽天市場の独走状態になっていました。しかし、2012年頃以降、Amazonが一気に市場を拡大して、さらにYahoo!ショッピングが利用料無料で追従。2019年にはPayPayモールも加わり、それぞれのモールの商圏そのものがボーダレス化してしまいました。

「ポイントがつくなら楽天市場」
「安くて早く商品が欲しければAmazon」
「PayPayを使いたければYahoo!ショッピング、PayPayモール」

と、ネット通販慣れしたお客さんはモールを使い分けるようになり、すでにお店どころか、モールにもこだわりを持たない消費者が増え続けています。
そして今、自社サイトは最初から商圏の“外”にいたこともあり、ボーダレス化したことによって、飛び出してきたお客さんを獲得するチャンスにあるといえます。将来的には、モール同士の競争が激化することによって、出店しているメリットそのものがなくなってくる可能性もあり、自社サイトとモール出店店舗との販売力の差がなくなってくることも予想されます。

日ごろの生活の中に、売れる検索キーワードを探す習慣を身につけよう

同じような複合キーワードでも、組み合わせによって、売上と集客数は大きく変わる

初級編でも述べたとおり、SEOでは「どのような検索キーワードでお客さんを集めるのか？」という“言葉選び”が非常に重要になります。最近は被リンクを増やしたり、登録サイトを増やしたりするSEOの“裏技”的な手法の効果が弱くなっているため、検索で上位表示しやすい“言葉選び”が検索エンジン対策のカギを握っているところがあります。

たとえば、「ネクタイ」という検索キーワードでお客さんを集客しようとした場合、露骨に「ネクタイ」というキーワードで上位表示を狙っても、競合が多いため、なかなか検索結果で1位を取ることはできません。そうなると、いつまで経ってもサイトに集客できない状態が続き、売上を伸ばすこと自体が難しいネットショップということになってしまいます。しかし、だからといって「ネクタイ　結び方」という検索キーワードを狙っても意味がありません。なぜならば、“結び方”を調べている段階で、もうすでに手元にネクタイがあるわけですから、この検索キーワードで検索結果の上位を狙っても、売上に直結することがほとんどないからです。そのような集客できない検索ワードを狙うのであれば「ネクタイ　通販」「ネクタイ　父の日」などのほうが、直接売上につながる言葉といえます。このように、同じような複合キーワードでも、組み合わせによって、売上と集客数は大きく変わってしまうのです。

「新たな言葉を掘り起こす」ぐらいのつもりで検索キーワードを探そう

売上に直結する検索キーワードを見つけるためには、いろいろなところから言葉を引っ張ってくる習慣を身につけることです。ネット上にあるツールはもちろん、友達と話したり、実際にその商品を使っている人の声を聞いたり、さまざまな方法で言葉を収集してみるといいと思います。ありきたりな言葉では、すでに競合他社がその検索キーワードを使ってSEOで上位表示を狙っているので、“時すでに遅し”というケースがほとんどです。「新たな言葉を掘り起こす」ぐらいのつもりで、ネットで売れる検索キーワードを見つけてもらえればと思います。

売れる検索キーワードを見つけるためのマインドマップ作り

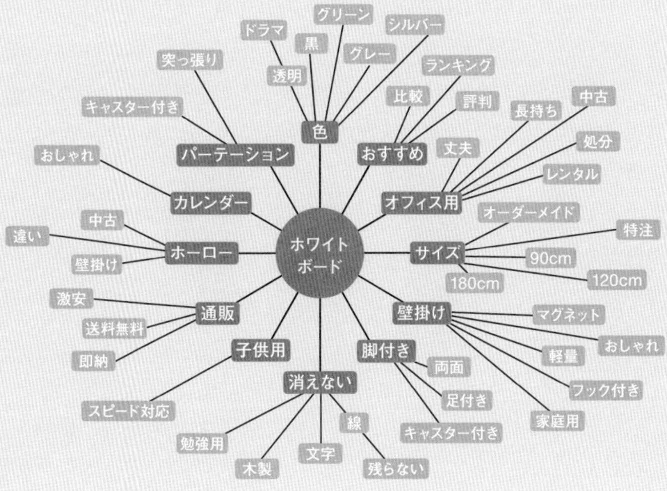

ここがポイント！

前ページの図のような、マインドマップ形式で検索キーワードを探してみましょう。「ホワイトボード」というメインキーワードに対して、楽天市場、Amazon、Yahoo!、Googleの検索エンジンを活用して、一般的な複合キーワードをリストアップします。さらに、ラッコキーワード（97ページを参照）を使って、さらに細かい複合キーワードをリストアップします。

この段階で掘り出し物の検索キーワードが見つからなければ、「Yahoo!知恵袋」などのＱ＆Ａサイトで検索キーワードを探してみましょう。ちなみに、前ページの図の四角い枠組みで囲ったキーワードは、Yahoo!知恵袋から見つけた複合キーワードです。「ホワイトボード　透明　ドラマ」という検索キーワードは、「テレビドラマのシーンで出てくる透明なホワイトボードが欲しい」という質問がYahoo!知恵袋に複数寄せられていたので、ネットで販売すれば売れる可能性があります。また、「ホワイトボード　線　残らない」というのも、ホワイトボードを買い替えたい人が「描いた線が残らないホワイトボードが欲しい」という質問がYahoo!知恵袋に多数寄せられていたので、売れる可能性は十分にあるキーワードだと思います。

このように、マインドマップを使って検索キーワードを掘り出してみると、自分が想像していなかった検索キーワードに出会えるかもしれません。

売れるスマホ専用サイトは「縦長」「横長ボタンバナー」が主流

「レスポンシブ対応サイト」と「スマホ専用サイト」、どちらがいいか？

スマホサイトには、以下の2種類があります。

・既存のPC用のサイトを自動的にスマホ向けに切り替える「レスポンシブ対応サイト」
・スマホから閲覧した際に、スマホ用に作られた別のサイトを表示させる「スマホ専用サイト」

レスポンシブ対応は、PCと同じサイトのソースで作られているため、管理・運用が楽になります。しかし、スマホの閲覧者に対して最適化されていないサイトを見せることになるので、見づらいサイトになってしまうデメリットがあります。

対して、「スマホ専用サイト」は、PCサイトのデザインや構成の影響を受けないので、スマホから見てもストレスがないページを表示させることが可能です。しかし、PCサイトとスマホサイトの両方を用意しなくてはいけなくなるので、管理・運用の手間は2倍かかることになります。

どちらがいいのか悩みどころではありますが、自社サイトは商品力があるネットショップが多いので、「レスポンシブ対応サイト」でも売れてくれるところがあります。人手が少なく、コストもかけられない自社サイトは、無理をしてスマホ専用サイトを作る必要はありません。ただし、スマホからネット通販を利用する人が増えている現状を考えれば、将来的にはスマホ専用サイトを作る必要は出てくると思います。売上が伸びて人と時間とお金に余裕が出てきたらスマホ専用サイトを作り、さらにスマホからの売上を伸ばすことに力を入れていきましょう。

リンクは少なく、ページは長く

スマホ専用サイトを作る場合は、できるだけリンク先のページを少なく作るようにしましょう。PCサイトのようにリンクで別ページに飛ばすような構造にしてしまうと、移動しながらスマホサイトを閲覧している際に、電波が悪い所でリンクが切れてページが見られなくなってしまい、機会損失につながる恐れがあります。そうならないためにも、リンクは少なくして、その分、指でスクロールしやすくするために、ページはできるだけ長く作ることを心がけましょう。

ネットショップを運営している人は、日常的にパソコンと向かい合っているため、どうしてもスマホよりもパソコンから閲覧した画面や、使いやすさを優先してしまうところがあります。しかし、そのような中途半端な気持ちではスマホサイトの売上を伸ばすことはできません。「PCサイトの売上を全部捨ててでも、スマホサイトからしか買わせない！」というぐらいの強い気概が、売れるスマホサイトづくりには必要です。

スマホサイトのデザインがかんたんに作れるサービスも

レスポンシブ対応のサイトにせよ、スマホ専用のサイトにせよ、スマホのサイト構築は使い勝手とデザインの両立が求められるため、ネット通販の上級者でも制作が難しいところがあります。

しかし、最近ではさまざまなネットサービスが登場しており、Eコマースの初心者でもスマホサイトをかんたんに構築できるようになりました。

たとえば、futureshopが提供している「コマースクリエイター」を利用すると、サンプルのテンプレートを使ってかんたんにレスポンシブ対応のサイトやスマホ専用のサイトを作ることができます。複雑なCSSや

HTMLを用意しなくても、画像や文字を変更するだけでスマホサイトを作ることができるので、ページの内容やデザインを変更するたびに外注のWebデザイナーに依頼する手間や管理費を省くことができます。

年配のWebデザイナーの中には、スマホサイトの構築が苦手な人も多いので、このようなサービスを活用して、自らスマホサイトを作っていくことが今後のネットショップ運営の主流になっていくと思います。

売れるスマホ専用サイトの構成

トップページ

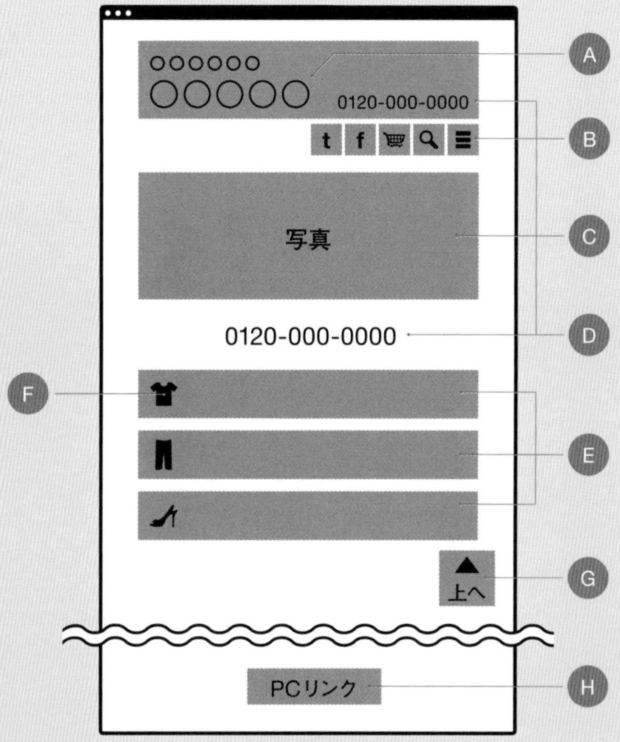

- **A** トップバナーは大きめに。何を売っているサイトなのかがひと目でわかる店名が理想。わかりづらければ、キャッチコピーで「通販」という言葉を入れて伝える。たとえば、「キッチン用品通販サイト」「ドッグフード通販専門店」など。

- **B** メニューバーや検索マークなどのアイコンは、大きく、わかりやすく。ボタンらしく、枠で囲んで“押せる”という意識を強く持たせる。

- **C** メイン写真は大きく。ファーストビューで、何を売っているサイトなのかがひと目でわかる写真を挿入する。

- **D** 電話番号も大きく掲載。ワンプッシュでかけられるようにしておくこと。

- **E** スマホはボタンの押しまちがいが起きやすい。プルダウンメニューや、小さいボタンアイコンで横に並べる配置だとストレスが生じてしまう。カテゴリー別にして、ボタンバナーを横に大きく設置したほうが、操作しやすくなる。

- **F** 独自のわかりやすいアイコンをボタンバナーに設置すると、商品が探しやすくなる。

- **G** スマホサイトはロングページになるので、「上へ」のボタンを設置して、いつでもページのトップに戻って来られるようにしておく。

- **H** PCサイトを見てみたい人もいるので、PCサイトボタンを設置しておく。

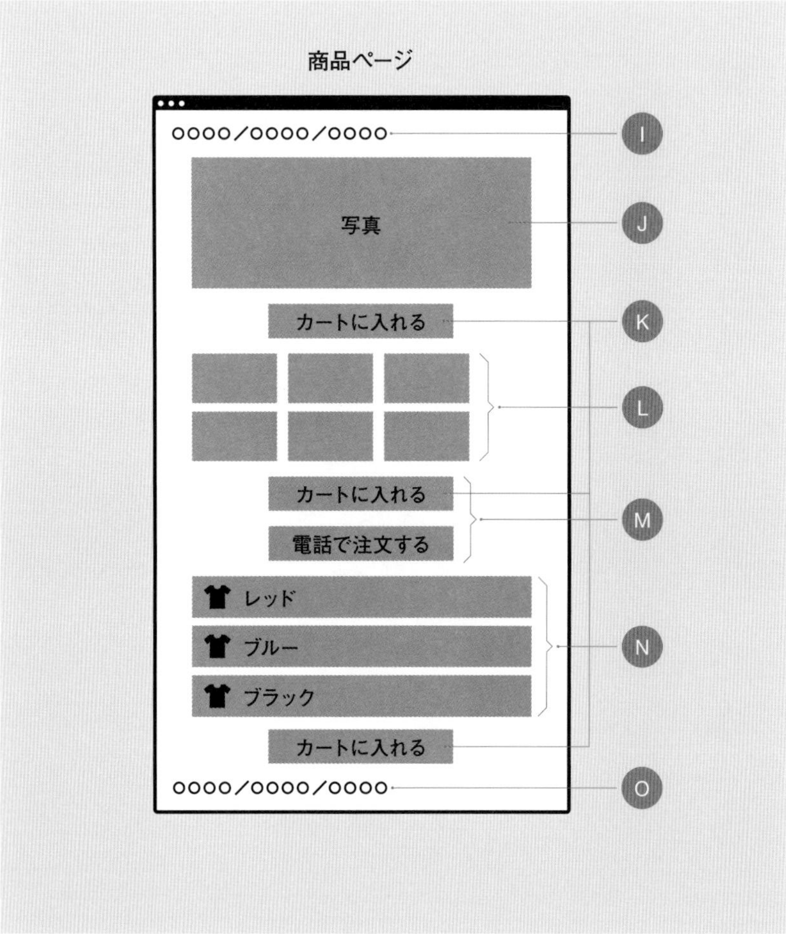
商品ページ
○○○○／○○○○／○○○○
I
写真
J
カートに入れる
K
L
カートに入れる
電話で注文する
M
レッド
ブルー
ブラック
N
カートに入れる
○○○○／○○○○／○○○○
O

I スマホサイトは、自分自身がどこの階層ページにいるのかわかりづらいので、パン屑リストを設置しておく。

J スマホサイトの場合、ある程度商品を購入するイメージがついているところがあるので、イメージカットより、商品全体がわかりやすいカットをメインに持ってきたほうがいい。

K 商品ページがロングページになった場合は、カートボタンを上中下に3ヶ所に設置しておく。

L 詳細写真はできるだけ多く掲載。ただし、ページの表示スピードが遅くならない範囲で。

M カートボタンの下に「電話で注文ボタン」を設置する。「LINEで問い合わせる」のボタンをつけるとなおよし。

N カラー別、タイプ別の商品があった場合、プルダウンメニューを押させるのではなく、横長のバナーボタンで選ばせたほうが、スマホではストレスがなく商品を購入することができる。PCサイトと違い、スマホサイトは親指でラクにスクロールできるので、縦長のページになることに対して大きなストレスはない。

O ページの最後にパン屑リストが入っていると、ほかの商品ページにも飛びやすくなり、サイトの滞在時間を伸ばすことができる。

ここがポイント！

スマホサイトは指でスクロールするため、ロングページになることにさほどストレスを感じません。むしろ、ボタンを押す「クリック」のほうが、両手で押したり、電波の都合でリンク切れを起こしたりする可能性があるので、ページ数は少なくして、縦長に作るほうが得策といえます。
ただし、文字を詰めすぎてしまうと読みづらくなったり、テキストリンクがクリックしづらくなってしまったりします。行間と文字間はPCサイト以上に空けることを心がけたほうがいいでしょう。
また、商品点数が多ければ検索窓をつけてもいいのですが、打ちまちがいや候補キーワードが出てこないことから、お客さんに自ら文字を入力させて商品を探してもらうのは大きなストレスになります。商品点数やカテゴリー数が少なければ、横長の大きなバナーリンクの設置だけにとどめておいたほうがいいと思います。

中級編 | CHAPTER 15

SEOはノウハウよりも、「やる」「やらない」のケジメをつけることが大事

SEOの手法はすべて“推測”の域を脱することができない

自社サイトの集客は、SEOによって検索結果の上位に食い込み、お客さんを集める方法が主となります。しかし、Google側がSEOのロジックやルールを正式に発表していない以上、SEOの手法はすべて“推測”の域を脱することができません。つまり、「これをやったら確実に検索結果で上位表示される」という決定的なノウハウは、世の中に存在していないのです。しかも、検索エンジンのルールは日々変わっているところがあり、常にネットショップの運営者側もノウハウをアップデートしていかなくてはいけません。先月まで通用していたノウハウが、今月からいきなり使えなくなることもザラにありますし、昨日まで上位表示されていた自分のサイトが、いきなり3～4ページ以降に飛ばされてしまうことも珍しくないのです。

そのような気難しいSEOとつきあっていくためには、自分なりのSEOとのつきあい方のルールを決めることです。もし、SEO以外に集客力があり、特別なことをやらなくても自分のサイトが上位表示されているのであれば、「ほどほどにつきあう」程度で、SEOとは距離を置いたほうがいいでしょう。深入りしてもそんなに大きな集客効果は望めませんので、SEOに関する専門書を1冊読む程度にとどめて、静観する立場でSEOとつきあったほうがいいと思います。

やるならば日々努力、合わなそうならば深入りせずに別の手法で

対して、集客方法がSEOしかないというのであれば、SEOの書籍を読んだり、セミナーや勉強会に参加したりして、徹底的にSEOのノウハウを

学ぶことに従事するようにしましょう。ノウハウが蓄積されてくると、信頼できるSEO業者のブログやSNSが見極められるようになります。それらをベンチマークすることによって、SEOの最新情報を入手することが可能になります。

ただし、SEOの情報の取り過ぎには注意しましょう。SEOは人それぞれに考え方や方針があって、正反対の情報が常に存在している業界です。それらをすべて真に受けてしまうと、不安な気持ちで作業が手につかなくなってしまいます。「私は、このやり方を信じる！」と一度決めたら、ブレずにやり抜くことをおすすめします。

一番やってはいけないのは、思いついたときに突然やり始めるSEOです。情報も実績も蓄積がなく、SEOの勉強もせずに、小手先で検索結果の順位を上げようと思っても、日々SEOの努力をしている人に勝てるはずがありません。検索結果の順位が気になるのであれば、日々努力するべきですし、SEOに携わる時間もお金もなければ、やはりどこかで見切りをつけて、別の集客方法を模索したほうが得策といえます。

極論を言ってしまえば、SEOの本を1冊読んでみて、「これは面白い」と思った人は、SEOを販促手法に取り入れてもいいと思います。逆に、1冊本を読んでも「こんな面倒なことやるんだったら、別のやり方で集客する」「何を書いているのか難しくてわからない」というのであれば、自分とは相性の良くないノウハウということになります。その場合は、SEOにはあまり深入りせずに、別の販促手法を探してチャレンジしたほうが売上に直結しやすいところがあります。

動画は「質」よりも「数」 自社で制作できる体制を作ること

動画で「売れる商品」と「売れない商品」の違い

動画の視聴者数は年々増加傾向にあります。通信速度が上がって動画を観るストレスがなくなり、YouTubeなどに魅力的なコンテンツが増えたことから、今後も動画の視聴者数は急増していくことが予想されます。

また、動画はスマホと相性が良いことから、最近は検索結果の上位に動画コンテンツを優先して表示させるケースが増えています。検索エンジンからの集客に頼る自社サイトにおいて、今後は動画コンテンツを活用した販促にも力を入れていかなければいけません。

しかし、すべての商品が動画を作れば売れるという話ではありません。

たとえば、ベッドや家具など、動きがないものは、動画で商品を解説しても販促力が高まるものではありません。また、健康食品やサプリメントなども、動画で解説して理解力が深まるものではないので、こちらも動画販促には不向きな商材といえます。

動画を制作することによって売上がアップする商品は、「動きがあるもの」と「動画によって悩み事が解決するもの」に限られます。

「動きがあるもの」とは、スポーツ用品や折りたたみ自転車など、動画で商品の使い方を見せることによって、理解力が増す商品のことを意味します。このような商品は動画コンテンツを挿入するだけで、商品に対する付加価値が大きく変わるため、消費者の購買意欲を高めることにつながります。

一方、「動画によって悩み事が解決するもの」とは、動画を観て解決策を探っている人に対して、商品を売り込んでいく手法です。たとえば、スタッドレスタイヤの取り付け方法を解説している動画で、スタッドレスタイヤをかんたんに取り付けられる工具を紹介すれば、動画解説から購入に結びつけることが可能になります。

このように、Eコマースでは動画で売れるものと売れないものが存在しており、その見極めができなければ、売上につながらない無駄な動画を作り続けることになります。どうしたら動画を見てくれて、どのような動画を見せれば買ってくれるのか、動画の閲覧から購入までのプロセスを検証した上で、動画の制作に取り組んでいかなければいけません。

動画を社内で制作しなければ儲からない理由

動画は「質」よりも「数」が重要です。ほかのネットコンテンツと同様、何がヒットするのかわからないため、数をたくさんアップすることが、動画コンテンツの成功への近道となります。動画の質が多少悪くても、照明がしっかり当たって、音声が聞き取れるものであれば、視聴者が納得してくれる動画になります。すべてプロが作ったような高品質な動画を用意する必要はありません。

動画制作を外注の会社に依頼してしまうとコストがかかるため、数を作ることができなくなります。極力、動画コンテンツは社内で作れる体制は整えておいたほうがいいでしょう。

自分たちで動画を作れるスキルを身につけることができれば、新商品の情報や使い方の動画をストレスなくネットにアップすることができるようになります。また、YouTubeに自社のチャンネルを立ち上げることも可能になり、動画検索している人に情報をヒットさせたり、SNSで動画を拡散させたりすることもできるようになります。

まだまだネットショップの動画による販促手法は発展途上なところがあります。新たな動画コンテンツの活用法を見出すことができれば、集客や販売の活路を見出すことができるようになるかもしれません。

自社で動画を撮影する場合に必要な機材とソフト

① 撮影機材

スマホ

画質はスマホでも十分。一眼レフカメラやミラーレスカメラを使用する場合は、マイク機能が外付けでつけられるものを選ぶこと。

照明

2灯あればなおよし。価格は2万円前後。バッテリーが装着できるものを購入すれば、屋外でも撮影が可能になる。

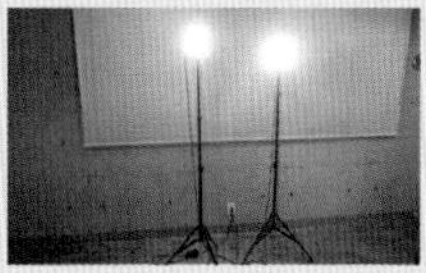

スタビライザー

高機能なスタビライザーは使いこなすまで時間がかかることも。商品撮影のみであれば、スマホが取り付けられる手持ち用の一脚でも可。

ワイヤレスマイク

スマホの集音マイクだけでは音が悪いため外付けのマイクは必須。有線だと配線が写り込んで邪魔になるので無線のほうがお勧め。なお、スマホのジャックにマイク端子をそのまま差し込んでも音声を録ることはできない。ヘッドホン+マイク変換アダプタのY分岐ジャックケーブルを別途購入して接続しなくてはいけない。

② 編集ソフト

iPhoneのiMovieがお勧め。素人でもすぐに利用することができる。なお、Android用は「iMovie　Android用」で検索すると代替ソフトが見つかる。

スマホで撮影する際に用意してもらいたい機材の一例。すべてネット通販で購入できるものであり、すべてそろえても5万円前後で収まる。動画で大切なことは「明るさ」と「音声」の2つ。そのポイントをしっかり押さえた動画を作れば、Eコマースで商品を販売したり、紹介したりするのに十分なクオリティの動画になる。
また、商品の紹介の動画であれば、わざわざ人が話す必要がないので、マイクは不要となる。テロップで解説して、バックミュージックをかければ、お客さんに満足してもらえる動画になる。逆に素人が棒読みのセリフや、自社スタッフが無理にハイテンションで商品を紹介する動画は、見ていてあまり気分が良いものではないので、ユーチューバーのような商品の紹介画像を使用する動画を撮影することは、素人は極力避けたほうがいいだろう。

ここがポイント！

Eコマースと動画は決して相性のいいものではありません。静止画の写真やイラストでも商品の付加価値を伝えることは十分にできますし、あえて動画を使わなくても売れる商品のほうが、世の中には圧倒的に多いのが現状です。

実際、楽天市場やAmazonでも、動画コンテンツを積極的に利用しておらず、制作にコストと手間がかかるわりには、静止画のページと転換率が変わらないことから、ネットショップではあまり活用されていません。

また、生放送の動画にスタッフが登場して商品を販売する「ライブコマース」も、あまり良い結果は出ていません。カリスマ店員が登場したり、名物店長が出てきたりする動画であれば、高い販促力を発揮するのですが、お客さんとの関係性を築けていないスタッフが、いきなり動画に登場しても、やはり購入に結びつけることは難しいです。

ユーチューバーが動画で商品を紹介して売れるのは、動画というコンテンツが優れているのではなく、そのユーチューバーのファンが動画を見てくれて、その商品を信じて買ってくれるから売れているだけの話であって、「動画＝ネットショップで売れる」という公式が成り立っているわけではありません。

しかし、今後は5Gの普及や、動画のさらなる利用者の急増によって、Eコマースにおける動画の活用法は大きく変わっていくかもしれません。

「絵コンテ」を作って動画のイメージを具体化する

Eコマースの動画構成は単純明快

動画制作で最も難しいのは「構成」です。どのように動画で商品を見せて、どのようにお客さんに欲しいと思ってもらえるのか、そのシナリオを作ることが、素人には難易度の高い作業となります。

撮影のテクニックは見よう見まねで学習することができるのですが、商品の「見せ方」に関しては、やはりノウハウと経験で差が出てきてしまいます。

しかし、商品を販売するだけのEコマースの動画に関しては、構成のパターンが固定化されているため、そこまで難しいノウハウではありません。

以下に、大まかなEコマースにおける動画の構成案をまとめてみました。

①商品の全景を見せる。
②困りごとや悩み事が解決するシーンを見せる。
③他社の商品との違いを見せる。
④商品のほかのメリットを強調する。
⑤ネットショップの案内。

この5つのカットを見せるだけでOKです。このシーンをかんたんなイラストに起こして、台詞をつけた「絵コンテ」を作れば、制作する動画のイメージが具体的になります。

これ以上複雑な構成を作り込んでしまうと、素人では撮影と編集のテクニックが追い付かなくなるため、制作することが難しくなります。たとえば、お客さんが商品を利用した感想などを構成の中に入れてしまうと、音声や照明を使った高度な撮影テクニックを求められるため、素人で制作することが難しくなります。また、お客さんに話してほしい内容のシナリオを制作したり、編集作業、テロップの制作作業などの作業が加わったりするので、ワンシーンを挿入するだけで、時間と手間がかかりすぎて、コストオーバーなコンテンツになってしまいます。

動画は自由に作れる面白さがある反面、取り決めやルールを事前に決めておかなければ、ダラダラと売上につながらない無駄なシーンを撮影することになります。

自分たちの動画制作のスキルを見極めながら、できるだけシンプルでわかりやすい動画を制作していく必要があります。

YouTubeの検索対策で新規顧客を獲得

動画制作でもうひとつ考えなくてはいけないことは、「動画をどこにアップするか」です。公開する場所によって制作する動画の内容も大きく変わってくるので、まずは動画の「使い道」を決める必要があります。

たとえば、動画をネットショップの商品ページで公開する場合は、購入する際の背中押しのコンテンツのため、イメージ動画よりも、使い方や設置方法を見せたほうが効果的といえます。また、カートに入れる直前の動画になるため、1～2分以内の短い動画のほうが、再生にストレスのない動画になります。

SNSで公開する場合は、口コミで広めてもらいたい目的があるので、インパクト重視の動画を作る必要があります。使い方が衝撃的だったり、使用方法が笑えたり、いわゆる“バズる”ことを目的にした動画を作ったほうがいいでしょう。

YouTubeに公開する場合は、検索を意識した動画を制作することをお勧めします。

たとえば、「ワンタッチで開くテント」を買いたいお客さんは、どのようにワンタッチでテントが開くのか動画で見たいはずなので、YouTube内で「ワンタッチ　テント」というキーワードで検索している可能性が高いといえます。YouTubeでSEOを仕掛けて、できるだけ自分の動画が検索でヒットするような施策を行えば、動画経由でネットショップに誘導することができるようになります。

なお、YouTubeの検索対策に関しては、そこまで高度なテクニックが求められるものではありません。ネット検索で「YouTube　検索対策」のキーワードで調べると、YouTubeのSEOが公開されているので、その内容を参考にして検索対策を仕掛けてもらえればと思います。

動画コンテンツは、どこでだれに見せるかによって、制作する内容や戦略が大きく変わります。商品を撮影して、ネットにアップすれば売れるというものではなく、戦略や売り方などを検証した上で、動画制作に取りかかるようにしましょう。

動画の撮影前に必ず「絵コンテ」を作ろう

絵コンテの用紙は、ネットで検索すると無料で入手できます。絵コンテのイラストは手書きでかまいません。下手でも、わかれば問題ありません。どんな動画を撮影したいのかイメージを書いてください。絵コンテを作ると、撮影の際にどんな小物を用意すればいいのか、どんな台詞を入れれば伝わりやすくなるのか、具体的にわかるようになります。また、動画の出演者やカメラマンとの打ち合わせもしやすくなります。

ネットショップの絵コンテ事例

S シーン	C カット	PICTURE 画面	ACTION 内容	DIALOGUE セリフ	TIME 時間	SE 効果・音楽
			商品全景	新商品の 目覚まし時計		
			悩み事解決	音が大きい からすぐに 目が覚めます		
			他社との 違い	他社の 目覚まし時計 の3倍の 音の大きさ		
			他のメリット	小さいから 鞄の中にも 入ります		
			ネット ショップ 紹介	くわしくは ネット ショップで		

上級編

月商100万円以上でも まだまだ売上を伸ばす極意

ここでは「ちょっと面倒くさいけど、やれば必ず売上が伸びる」という細かいノウハウをまとめました。中にはSNSやアフィリエイトなどの「これが上級編？」と思うような初歩的な販促手法も紹介しています。しかし、これらの販促ツールを使ったノウハウは奥が深く、初級編と中級編をクリアした人でなければ実践できない一面もあります。今まで何気なく接してきたノウハウも、改めて考察すると新しい売上アップの気づきが多数ありますので、最後まで気を抜かず読み進めていただければと思います。

SNSに向いているネットショップと不向きなネットショップ

自社サイトの販促ツールとして注目を集めているのがFacebookやInstagramなどのSNSです。人と人とが緩やかにつながるコミュニケーションツールは、ネットショップの集客にも、顧客育成にも活用できます。

しかし、反面で多くの人が「商売でどうやって使えばいいの？」と迷走しているのが現状だと思います。SNSで新商品やセール情報を発信しても拡散されず、友達のフォロワーが増えるだけで新規顧客につながる気配をまったく感じない——そういう人もじつは少なくないと思います。

どこでも売られていて、発信する情報にニュース性がないものはSNSに不向き

ここで理解しなくてはいけないことは、世の中にはSNSと相性のいい商品と、相性の悪い商品の2種類が存在しているという点です。SNSと相性のいい商品というのは、「売り手側に個性があり、発信する情報に共感が得られる」ものです。たとえば、日本酒を販売している店主が、SNSを通じて酒のうんちくを語るような情報を発信するのであれば、お客さんから共感が得られやすいので、SNSを有効活用することができると思います。対して、SNSに不向きな商品というのは、どこでも売られていて、なおかつ発信する情報にニュース性がないものです。たとえば、同じ日本酒でも、有名ブランドの日本酒を低価格で販売するネットショップの場合は、SNSで情報を発信しても、その情報はありきたりなものになってしまうため、お客さんにSNSを通じて興味を持ってもらうことは難しくなります。

「安い日本酒が売っていることがわかれば、SNSで情報が拡散されてお客さんが増えるのではないか？」

そう思っている人も多いと思いますが、SNSはそもそもが宣伝広告の場ではないので、そのような売り込み型の情報発信はSNSのユーザーに敬遠されてしまいがちです。

あくまで"人"と"人"がつながるツールであり、"人"と"商品"をつなげるツールではない

そもそも、お客さんはお得な情報を求めるためにSNSを見ているわけではありません。セール情報や新商品情報だけを垂れ流すようなSNSでは、お客さんを集めることもできなければ、お客さんをファン化させることもできないのです。

SNSはあくまで"人"と"人"がつながるツールであり、"人"と"商品"をつなげるツールではありません。SNSを使って自社サイトの売上を作るのであれば、まずは売り手側の個性を打ち出して、お客さんの共感が得られるようなユニークな情報を発信していかなければいけません。

SNSに適していない商品はSNSを使ってはいけないのか？

SNSも「Facebook」「Twitter」「Instagram」「LINE公式アカウント」など複数あるため、一概には「この商品はSNSに向いていない」といえないところがあります。

たとえば、先述したお酒を安売りするネットショップでは、オリジナルの商品を販売していませんが、LINE公式アカウントでセール情報を配信したり、Twitterの公式アカウントでお客さんをフォローしたりして、集客や販売につなげることができます。

また、写真映えしない商品を扱っているネットショップでも、お客さんに自社の商品を使っている写真をInstagramにアップしてもらえれば、友達がInstagramを見て「この商品どこで買ったの？」と聞いてくれて、集客につながることも考えられます。

このようにSNSに向き不向きの商品はありますが、それぞれのSNSの特

性をしっかり押さえれば、独自のSNSを使った戦略が見えてきます。
抽象的で漠然としているため、とっつきにくいSNSではありますが、使いようによってはネットショップの売上を爆発的に増やす販促ツールになる可能性があります。難しそうだから「やらない」という選択肢を取るのではなく、難しそうだからこそ、ライバルのネットショップが手を出しづらい販促ツールだと思って、前向きに取り組んでいってもらいたいと思います。

どのSNSを使えばいいのか？

SNSの販促に取り組む際に、最も頭を悩ませるのは、「どのSNSを使えばいいのか？」だと思います。先述したようにSNSによって向き不向きの商材はありますが、重要視しなくてはいけないことは「自分がSNSを運用していて楽しいのか？」というモチベーションです。
たとえば、競合のネットショップがInstagramで売上を伸ばしていたとしても、自分自身がInstagramを使ったことがなく、Instagramの面白さがわからなければ、どのような情報を発信していいのかわからないため、お客さんに喜んでもらえるようなコンテンツを配信することができなくなります。
また、Instagramの面白さがわからなければ、継続して情報を発信するモチベーションも維持することができないため、途中でInstagramの投稿を止めてしまうことにもなります。
ネットショップの販促でSNSを利用する際は、「どのSNSが向いているか？」で判断するのではなく、自分自身が「どのSNSを利用することが好きか？」で判断しなくてはいけません。プライベートで最も慣れ親しんでいるSNSを利用することが、継続した情報発信につながり、ファン客の獲得に直結します。
もし、慣れ親しんでいるSNSがなければ、手始めにどのSNSでも構わないので、個人で利用してみることをお勧めします。つぶやいてみたり、投稿してみたり、フォローしてみたりするうちに、次第に面白さがわかってくるはずです。

SNSの初心者は、ネットショップでいきなりSNSを実装するのではなく、その前に個人でSNSの面白さを知ることから始めたほうが、成功するSNSの運用への近道になります。

最近のネットショップでは、検索エンジン経由よりもSNS経由で流入するお客さんのほうが多いケースもあり、自社サイトの運営において、SNSは外すことのできない集客ツールになっています。「SNSはわからないからやらない」というのは今は昔。これから自社サイトを本気で運営していく人であれば、SEOやブログと同じぐらいの重要度で、SNSの運用に取り組んでいかなくてはいけません。

SNSの運用が難しいネットショップの条件

SNSの販促が難しくなる条件	理由	SNSの販促が難しいネットショップ
1 実店舗を持っていない	実店舗がなくてもSNSの活用は可能だが、無店舗だとSNSにアップしていく写真コンテンツが単調になってしまうため、コンテンツの魅力が薄れてしまう。また、リアリティのある情報を求めているユーザーにとって、リアリティのない無店舗経営は共感を得られにくいところがある。	実店舗を持っていない・小売販売を展開していない・顧客とコミュニケーションをとるイベントを開催していない・価格や利便性を優先させている・形のないサービス業
2 写真コンテンツのクオリティが低い	写真でお客さんを魅了しなければ「いいね！」を押されにくくなってしまう。提供する世界観をイメージさせることができないので、ファンが増えない。	写真で表現することが付加価値につながらない商品・日用必需品・オフィス用品・医療・健康食品
3 タイムリーな情報がない	新商品が頻繁に出て、使い方をいろいろ提案できる商品は、情報をSNSにコンスタントにあげやすい。また、来店客が多く、千差万別の情報がアップできる実店舗などは、お客さんに飽きられない情報がアップできる。一方、情報に変化がなく、代わり映えのしないセール情報しか配信できないネットショップには不向き。	金融事業・仕入れ品の健康食品・単品通販事業・米・製造業
4 お客さんに伝えたい個性的な“ストーリー”がない	ビジネスを行っている理由が平凡で、競合他社と差別化できるポイントもなく、お客さんに「これを知ってもらいたい」というメッセージがなければ、SNSを活用しても、お客さんの心を動かせない。	仕入れ商品・大企業のメーカー商品・工業製品・スーパーマーケットで売られている商品・商品点数を増やしているネットショップ・価格勝負のネットショップ
5 売り手のキャラクターが立っていない	お客さんに「この人に会ってみたい」と思わせられなければ、密な関係性を作ることはできない。個性を出しにくいビジネスの販促には適していない。	社長やスタッフが顔出しすることを敬遠するネットショップ・個性を出さなくても価格や利便性のほうが重要視されるネットショップ・多種多品目を取り扱うネットショップ

SNSは意図的に「いいね！」を押される戦略を展開しなくてはいけない

“良い写真”を撮ることを心がけよう

もし、SNSを活用して売上を伸ばしたいのであれば、発信する情報をコントロールする必要があります。特にFacebookやInstagramは「いいね！」ボタンを押されることによって、閲覧者側のハイライト（タイムライン）に露出される頻度が上がります。

そのため、まずはどうしたら「いいね！」をたくさん押してもらえるのかを戦略的に考えなくてはいけません。たとえば、職場の楽しそうな写真や、新商品の開発風景など、「楽しそうだな」「面白そうだな」と思われる光景は、比較的「いいね！」が押されやすくなります。また、子どもが職場体験している写真や、キレイな景色やほのぼのする風景の中でスタッフがくつろぐ写真など、お客さんの共感を得られやすいコンテンツを意識してアップすると、「いいね！」が押されやすくなります。

ポイントとしては、できるだけ“良い写真”を撮ることを心がけることです。意味のない写真や、雑な写真は、やはり共感が得られず、「いいね！」が押されにくくなってしまいます。このように「いいね！」を押されやすいコンテンツを意識してアップすることにより、お客さんの共感が得られるようになり、FacebookやInstagramをマメに閲覧してくれるようになるのです。

情報を発信する前に、お客さんと関係性を作ることが大切

このような事情を考えれば、新商品やセール情報をがむしゃらに発信し続けるSNSが、いかに無意味で、お客さんに不快な思いをさせているのか

理解できると思います。SNSは情報を発信するツールではありますが、その前段階として、お客さんと関係性を作ることが大切な販促ツールなのです。

SNSによるファンづくりが成功すると、SNSをメルマガのように活用して、繰り返し商品を買ってもらう仕組みを構築できるようになります。そのような顧客との関係性を作るためには、お店や商品、売っているスタッフを大好きになってもらう情報を、販促戦略として意図的にSNSを通じて発信しなくてはいけないのです。

FacebookやInstagramの顧客づくりのサイクル

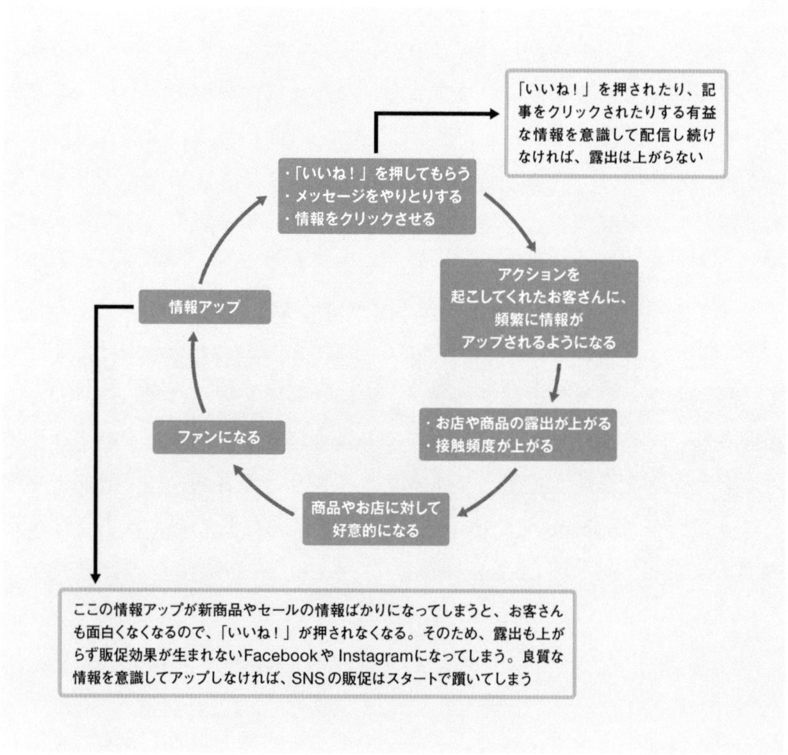

個人のFacebookでお客さんと距離を縮めていくのが一番

法人のFacebookか？　個人のFacebookか？

Facebookには個人名で運用するケースと、企業や店舗で運用する「Facebookページ」の2種類があります。どちらで運用するか悩みどころではありますが、オリジナルの商品を取り扱っている企業であれば、法人でFacebookを運用することをお勧めします。商品や店舗にファンがつきやすいビジネスモデルのため、フォロワー数も増えやすく、投稿する情報に対して興味を持って見続けてくれるはずです。

Facebookページの運用に慣れてくれば広告を運用したり、キャンペーンを展開してフォロワー数を増やしたりすることも可能になります。ただし、商品の宣伝やセール情報ばかり配信してしまうと、フォロワーも投稿内容に飽きてしまい、離れていってしまいます。「このFacebookだったらずっと見続けたい」と思われるような、有益なコンテンツを配信するように心がけましょう。

一方、店舗に強い個性がなく、どこにでも売っているような仕入れ商品を取り扱っている場合は、経営者やスタッフの個人名でFacebookを運用したほうがいいと思います。知らない会社や平凡な商品はファン客になりにくく、フォローする動機が明確ではないので、なかなかフォロワー数を増やすことができません。このような会社は、経営者やスタッフが個人でFacebookを運用し、知り合いや仕事先で知り合った人に友達申請をして、人と人とのつながりを拡大していくやり方でフォロワー数を増やしていく方法が得策といえます。

リアルな場で積極的に人とつながっていこう

個人でも法人でもファロワー数を増やすためには、人の集まる場に積極的に参加することです。町内会のお祭りでもかまいませんし、経営者が集まる勉強会でもかまいません。そのような場で、積極的に周りの人に声をかけて、Facebookでフォローしていくことを地道に続けていきましょう。

また、実店舗があれば、積極的にイベントを開催して、お客さんと触れ合う場を作っていくのも一手です。お客さんが参加したら、お店が運営しているFacebookページをフォローしてもらったり、経営者本人の個人Facebookをフォローしてもらったりして、こちらもお客さんと友達になるつもりで、積極的にフォローしてくれるお客さんの数を増やしていきましょう。

ネット広告を使って友達を増やしていく方法もありますが、テクニカルなノウハウと広告投資が必要になるため、ネットショップ運営に慣れている企業でなければ、あまりお勧めできる販促手法ではありません。

法人でも個人でも直接リアルな世界で会ったフォロワーのほうが、発信する情報を見続けてくれる良質なお客さんになります。増えていく数はネット広告でフォロワー数を増やすやり方よりも少なく、時間もかかりますが、その分、商品を購入してくれる濃密な関係性のあるお客さんを増やしていくことが可能になります。

「売上を伸ばす」という意識よりも「友達をたくさん増やす」という意識で

Facebookページで発信する情報は、商品やサービスのお得な情報を始め、開発ストーリーや裏話、スタッフの話や失敗談など、あまり表に出てこないようなニッチな情報を配信すると、フォロワーが増えやすく、「いいね！」も付きやすくなります。

優良顧客が「もっと商品の情報が知りたい！」と思って、わざわざフォローしているFacebookページです。それに見合ったニッチでマニアックな情報を配信することが、優良顧客をさらに熱烈なファン客に育てることにつながります。

一方、個人のFacebookは、発信する情報もできるだけプライベートなものにしたほうがいいでしょう。私生活や、子どもの話、趣味の話など、その人を“人間”として好きになってもらうような情報を発信していくことが、ファンづくりに求められます。そして、その個人的な情報の中に、ごくたまにお店の情報や商品の情報を挟み込むことによって、「この人は◯◯の商品を売っている人なんだ」とお客さんに認識してもらい、自社サイトに誘導して、売上につなげていきます。

「売上を伸ばす」という意識よりも「友達をたくさん増やす」という意識でFacebookを運営することが、規模の小さい自社サイトにとってストレスのない売上の伸ばし方といえます。

個人のFacebookに載せる「いいね！」が押されやすい写真

1 シーズンにあった風景写真

2 食べ物の写真や、珍しいビジュアルの食品の写真

3 楽しそうな写真、笑顔の写真

4 可愛らしい動物の写真

5 注意を引くユニークな写真

6 楽しそうな職場の写真

ここがポイント！

「いいね！」を押されやすい写真を個人のFacebookに意図的にアップし、ごくたまに仕事の写真や商品の写真を挿入して、そこでも「いいね！」を押してもらうようにします。そうすれば、商業目的の情報にいやらしさがなくなり、自然にお客さんにお店や商品の情報を提供できるようになります。ただし、露骨な商品情報やイベント情報は嫌われるため、写真のビジュアルを意識しながら、さりげなく情報発信することが求められます。

個人ページ	Facebookページ
• 本名で登録可能 • 友達は5000人まで申請可能 • 友達になったら、個人に対して「いいね！」ボタンが押せたり、書き込みができたりする • 広告は出せない • インサイト（管理画面）が使えない • Facebookにログインしている人しか見られない • SEOの効果はない • “エッジランク”によって表示される情報が変動する	• 本名以外の企業名やサービス名で登録可能 • 友達申請ができない • 「いいね！」を押した人はファンになる • ファン数は無制限 • 「いいね！」を押したら、ニュースフィードに表示される • 広告が使える • インサイトが使える • ログインしていない人でも見られる • SEOの効果がある

Facebookのフォロワーを増やす10の方法

☑ ほかのSNSから誘導する

TwitterやInstagramでFacebookの告知を定期的に行う。

☑ ブログやメルマガから誘導する

ブログの最後にFacebookのフォローボタンを設置する。メルマガでもFacebookの案内をする。

☑ 実店舗から誘導する

接客の際に宣伝をしたり、店内のポスターで告知をしたりする。ただし、複数のSNSを展開している場合は、どれか1つのSNSに集中してアピールしたほうがいい。

☑ プロフィールをしっかり書き込む

プロフィール欄をしっかり書き込んだほうが、フォローする側も安心する。

☑ Facebookのメッセージ経由で問い合わせを受けるようにする

メッセージを受けることで、フォロワーにつなげていく。

☑ コメントが入ったら、しっかり返答する

コメントを返すことによって、フォロワーにつなげていく。

☑「いいね！」などのアクションを積極的に起こす

自分から相手のFacebookに「いいね！」を押すことによって、フォロワーの見込み客との接触頻度を上げていく。

☑ 投稿内容に一貫性を持たせる

投稿される情報が統一されていると、お客さんもフォローする理由が明確になる。

☑ 頻繁に投稿する

投稿する情報が多ければ、その分フォローされるチャンスも増える。ただし、無意味な投稿を垂れ流すことはご法度。

SNSの広告を使って新規顧客をザクザク獲得する方法

SNSの新規のフォロワーを集めたり、SNS上からネットショップにお客さんを誘導したりする手段として、SNS内の広告を活用する方法があります。ただし、SNS広告の仕組みとシステムを理解することは非常に難しく、ネット広告を使った経験のある人でなければ、やや取り扱いが難しいところがあります。ここでは、ある程度広告費にゆとりがあり、今後SNSを集客の場として活用していきたいと思っている人に対して、SNS広告の活用方法についてレクチャーします。

ビジュアル重視で、ファンになってもらうきっかけを作るために活用する

まず、SNSの広告戦略では、一般的なSNSによる販促と同じで「いいね！」を押してもらって、ファンを作ることに戦略の重点を置くようにしましょう。Facebookからネットショップに誘導して商品を買わせたり、メルマガの会員に登録させたりする方法もありますが、それらはお客さんとSNS上で親密な関係性ができてから展開するべき販促です。まずは、「いいね！」を押してもらって、ファンになってもらうきっかけを作ることを、SNS広告の運用目標に置いてください。

また、TwitterやLINE公式アカウントのような写真をあまり活用しないSNSの場合でも、共感を得られるようなキャッチコピーを広告文に添えて、お客さんに意図的にページを見てもらえるような仕掛けづくりが必要になります。しかし、ただでさえ「広告」というポジションのため、並大抵の情報コンテンツでは「いいね！」を押してはくれません。興味を引くような写真やキャッチコピーをSNS広告に載せて、「これだったら広告で

もちょっと見てみたい」と思わせるような販促を仕掛けてお客さんを取り込んでいくようにしましょう。

たとえば、旅行バッグを販売するネットショップであれば、風景写真と一緒に、旅先のレポートを交えたページに飛ばしたりするのも一手です。また、調味料を販売するネットショップであれば、屋外で楽しくバーベキューをやっているページに飛ばして、アウトドア料理のレシピを紹介する内容で「いいね！」を押してもらうのも、共感を得やすい広告コンテンツになると思います。

長期戦を強いられるが、その分長くつきあってくれるお客さんを獲得できる

このように、積極的に広告を使って「いいね！」を集めたり、クリックしてもらったりすることができるようになれば、発信した情報にお客さんが親近感を持ってくれるようになり、それが購入者へステップアップしていくきっかけになってくれます。しかし、「どうすればお客さんの共感を得られるのか？」という表現方法の段階からわからなければ、そもそもSNS広告を展開してもファンを集めることができません。また、直接購入者につなげられるリスティング広告と違い、SNS広告は購入者になるまで時間がかかるため、売上効果を発揮するのに数ヶ月から数年の時間を要する手法といえます。

しかし、長期戦を強いられる広告手法ではありますが、その分長くつきあってくれるお客さんを育成できる利点もあります。ファンづくりをしてリピート客を囲い込む必要のある自社サイトであれば、難易度の高いSNS広告の運用には慣れておく必要があると思います。

Facebook広告の検証結果

①

②

③

ここがポイント！

前ページの①〜③のFacebook広告は、私が年末年始に限定販売している「予測カレンダー」で使用したものです。一番反応が良かったのが①の動画でした。制作した動画のクオリティも高く、Facebookのユーザーと相性が良かったことが要因だと思います。

2番目に反応が良かったのは、②の広告です。写真の中にキャッチコピーを入れている③よりも反応が良かったことを考えると、やはりFacebookは写真を見せるシンプルな広告のほうが反応がいいと思います。

Facebook広告のキャッチコピーや説明文は、できるだけ短く作るようにしましょう。また、リスティング広告と同様、レスポンスはランディングページの出来不出来で勝負が決まってしまいます。ほかのネットショップのFacebook広告を参考にしながら、売れるランディングページを制作するようにしましょう。

ただし、私の今回のデータの場合は、Facebook以外にもメルマガやブログも展開しており、コンサルタントという職業柄、事前にファンづくりが成功していたところがあります。Facebookで新規に顧客を集めることが目的であれば、いきなり商品を買わせるのではなく、ファンページに誘導して「いいね！」を押してもらうことからFacebookの広告戦略を組み立てていったほうがいいと思います。

【情報提供】豊田ネットアドバンス
https://toyotanetadvance.com/

Twitterには「公式」「検索対策」「ファンづくり」の3つの手法がある

公式Twitterでファンを獲得

SNSの中で最も利用者が多いTwitter。140字の文字数制限があるものの、コンパクトに情報をキャッチできる利便性から、若い世代の利用者が多いのが特徴です。

しかし、ネットショップ運営でTwitterを有効活用しているのは少数派というのが現状です。自社のセール情報や新商品情報を配信する程度で、具体的な戦略を講じているネットショップは多くありません。

ネットショップのTwitterの利用方法は大きく分けて3つあります。

1つめは「公式Twitter」の活用です。ネットショップの公式Twitterを立ち上げて、自社の商品について投稿しているお客さんのツイートを検索して見つけて、リツイートしてあげたり、コメントを書き込んであげたりすることで、ファン客を掘り起こしていきます。

商品を購入して、わざわざTwitterに投稿するぐらいですから、そのお客さんは自社の商品を好きになる素質が十分にあると思います。ネットショップの公式Twitterからアクションを起こしてあげれば、ファン客になる可能性は非常に高いといえます。

検索ツールとしてのTwitter

2つめの方法は、「Twitterで検索している人に見つけてもらう」という戦略です。TwitterはGoogleやYahoo!のように検索ツールとして使われているケースが多く、新しい情報を求めている人に利用されています。

たとえば、新しいデザインのスニーカーが欲しい人がいる場合、Google

で検索しても、スニーカーを販売しているネットショップの情報しか検索結果の上位に表示されないため、流行のスニーカーの情報を入手することができません。

しかし、Twitterでスニーカーを検索すると、スニーカーの最新のトレンドを投稿しているネットショップや、格好いいデザインのスニーカーを自慢したいファッション好きな人の投稿などが検索の上位に来るので、タイムリーな情報をキャッチすることが可能になります。

このように、Twitterは最新のトレンドを入手するために検索で利用している人が多く、その人たちに向けて、ネットショップが商品名や店舗名を定期的に投稿してあげると、新規顧客を獲得するツールとして活用できるようになります。

Twitterはオリジナル商品のネットショップ向き

3つめは、ファンが喜んでくれる「とっておきの情報」を投稿することです。仕事の裏話やスタッフの失敗談など、ファン客が喜ぶような話を定期的に投稿することで、顧客を囲い込むツールとして活用します。

ただし、Twitterでファン客を囲い込むことができるのは、商品にオリジナル性があって、なおかつ販売する店舗やスタッフに強い個性があるケースに限られます。仕入れ商品や売り手側に個性がないと、投稿している内容に思い入れが湧かないため、Twitterの投稿を通じてファン客を作り出すことが難しくなります。

また、140字という短い文章で人の心を動かすには、相当な文章力が求められます。短文は言葉足らずになりやすく、誤解を招くと炎上する恐れがあるため、ほかのSNSよりもTwitterの投稿内容は慎重に作り込まなくてはいけません。

しかし、一度書き方のコツをつかめば投稿は短くて済むうえ、バズった時の爆発力はほかのSNSよりも大きいのがTwitterの魅力でもあります。趣味性が強く、ファン客を囲い込みやすい商品を扱っているネットショップには、お勧めのSNSといえます。

ビジュアルに自信があれば、Instagramで集客できる

独特の世界観が伝わる写真を撮影するのがポイント

写真版のSNSとして、着実に利用者を増やしているInstagram。この販促ツールを活用できるネットショップは、ビジュアル的に表現しやすい商品に絞られてしまうところがあります。ジュエリーやアパレル品、雑貨や家具など、写真で表現して「いいなぁ」「カッコいいなぁ」と共感を得られる商品であることが、Instagramを販促に利用できる大前提となります。反対に、日用品やパソコンの周辺機器など、写真で伝えてもメッセージ性が乏しい商品に関しては、販促効果は薄いと思ったほうがいいでしょう。

Instagramは、お客さんに「何度も見たい」「参考にしたい」と共感を得られる写真を投稿することが求められます。

少し大げさな説明になるかもしれませんが、Instagramに投稿されている写真をお客さんが見て、「凄い」「素敵」「面白そう」「楽しそう」と、心が揺さぶられるようなエモーショナルな投稿をすることが、お客さんの目に止まり、継続して見られるInstagramにつながり、ファン客を増やす要因になります。

この“エモーショナル”という言葉から、“エモい”という表現がInstagramでは使われており、意図的に「エモい写真」を撮ることが、フォロワー数の多いInstagramの運営には必要不可欠になります。

感覚的に「エモい写真」がわかりにくい場合は、Googleで「Instagram　人気　お店」などの検索キーワードで調べると、Instagramを活用している人気店の投稿をかんたんに見つけることができます。そのお店の写真を参考にしながら、まずは自分で撮影して、写真を加工してみることからスタートしてみましょう。

注意するべき点は、撮っている写真のカテゴリーを、できる限り統一することです。たとえば、家具を販売するネットショップが家具の写真を掲載し続けているのに、いきなり子どもの写真がInstagramに出てきてしまうと、世界観に違和感を与えてしまい、お客さんの気持ちを萎えさせてしまう恐れがあります。そのような事態にならないように、アップする写真は同じ商品カテゴリーの写真で統一し続ける必要があります。

「ハッシュタグのキーワードをどのように選ぶか？」が集客のカギ

Instagramは、“ハッシュタグ（#）”にキーワードを埋め込むと、そのキーワードで検索された画像が検索結果にヒットする仕組みになっています。そのため、画像で検索されそうなキーワードをどのように選ぶかが、Instagramの集客のカギを握っています。たとえば、Yahoo!やGoogleで「アンティーク家具」というキーワードで検索すると、抽象的な表現すぎてしまい、検索で上位表示することができても売上につなげることは難しくなります。しかし、同じキーワードでInstagramで検索すると、アンティークな家具の写真をお客さんが探しているケースがあるので、そこから自分の好みの家具を見つけてもらい、注文につなげることが可能になります。

ほかにも、InstagramはFacebookやTwitterとの連携が取りやすく、表現力に自信のあるネットショップ運営者であれば、十分に活用することができる販促ツールといえます。

Instagramは写真で商品の良さを伝えるSNSなので、言葉の障壁がなく、海外向けの商品販促にも適しています。ページの作り込みや、文章を書く作業もいらないため、商材やサービスによってはInstagramを集客ツールにしているネットショップも多く見受けられます。

Instagramを活用して自社サイトに集客する方法

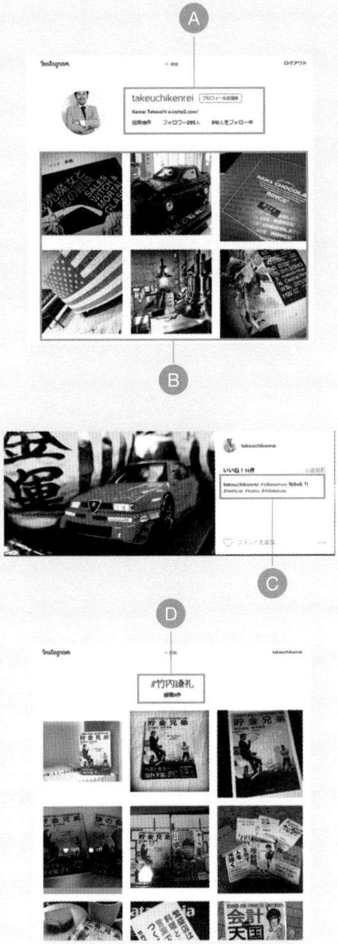

Ⓐ Instagramでは、サイトのURLが1つだけ掲載可能。写真が気に入れば、ここからお客さんがアクセスしてくれる。

Ⓑ 販売したい商品の写真をアップ。掲載する商品のカテゴリーは統一させたほうがいい。

Ⓒ 写真ひとつひとつに「#」(ハッシュタグ)をつける。そうすると、このハッシュタグのキーワードにヒットした写真がInstagramの検索結果に表示される。
なお、Facebookと同様に「いいね!」ボタンがついている。1つの投稿に対して、ハッシュタグは10～20個ぐらいが理想。また、Instagramで同じような商品やカテゴリーの写真を見つけてフォローしたり、コメントをしたりすると、フォロワーが増える。

Ⓓ これはInstagramで「竹内謙礼」と検索してヒットしたもの。このように、私の著書がズラリと並ぶ。Instagramは画像検索としての利便性が高い。

ここがポイント！

Instagramに投稿する人の7割は、写真を加工して投稿しているといわれています。写真のカテゴリーだけではなく、加工する条件も統一させたほうが、写真全体に安定感が生まれます。ネットショップが取り扱う写真としては、スタッフが商品を自宅で使用する様子や風景などは、お客さんからの評判もいい傾向にあります。

販促手法としては、販売開始の1～2週間前から、新商品の情報や使い方の写真の投稿を繰り返します。そして、Instagramの「いいね！」の数を見ながら、人気商品、閲覧される時間帯、客層などの状況をつかんで、販売する商品や写真の優先順位を決めていきます。

なお、商談に関してはLINEを活用することもあるので、LINEのやりとりの窓口は作っておいたほうがいいでしょう。

Twitterと同様、Instagramでもタイムリーな情報を求めて検索しているお客さんが多く、ハッシュタグに埋め込むキーワードによって、集客力やフォロワーの数が決まってしまうところがあります。「今、Instagramでお客さんが何を調べているだろう？」という想像力が求められるため、プライベートでもInstagramを積極的に利用している人のほうが、ネットショップでもInstagramを上手に活用している傾向があります。

LINE公式アカウントで丁寧な対応を心がけて、お客さんをファン化させる

フレンドリーに対応すれば、優良顧客になってもらえるチャンスに

気軽に使えて、楽しいスタンプが充実していることから、あっという間にコミュニケーションツールとして広がったLINE。一方でプライベート色が強く、販促や宣伝で使われることに対して利用者が拒否反応を示しやすいSNSといえます。

しかし、その性質を逆手にとって活用するのも一手です。たとえば、ネットショップへの問い合わせ方法にLINEを加えてあげると、使い慣れているSNSということもあり、ネットショップへの問い合わせや注文が増えるケースが多々あります。メールよりも気軽に使えて、電話をかける億劫さもなく、24時間好きな時に利用できることから、LINEによる問い合わせをきっかけにして、お客さんの距離を縮めて、ファン化していく戦略を取るネットショップも少なくありません。

また、LINEの場合は、若年層が利用していることもあり、短いコメントでメッセージが送られてくることが多くあります。そのような短文コメントが送られてきても軽くあしらうのではなく、丁寧に対応することで、お店やスタッフのファンにさせることが、LINEの販促手法のひとつとして取り組んでいくことが求められます。

セール情報を中心に情報を発信して、来店頻度を上げる販促ツールとして活用する

LINEを使って問い合わせ窓口を作ったり、登録したお客さんにメッセージを送ったりする場合は、「LINE公式アカウント」の運用が必要とな

ります。ネットビジネスの知識が乏しくても導入と運用がしやすく、ほかのSNSに比べて専門知識と経験が問われにくい一面があります。FacebookやInstagramなどの運用の面白さが今ひとつ理解できない人は、LINE公式アカウントを活用されることをお勧めします。

実店舗を持っているネットショップであれば、実店舗からお客さんをLINE公式アカウントに誘導するのも一手です。お店のLINE公式アカウントを登録してもらえれば、一斉にメッセージを配信したりすることができるので、お客さんをネットショップや実店舗に誘導することが可能になります。ただし、LINE公式アカウントの場合、商品情報やコンテンツの情報を配信するよりも、セールやお得情報を配信するほうが、お客さんの反応が良いところがあります。「この情報のおかげで得をした」という実感がなければ、プライベートで使っているLINEにわざわざ登録した価値を見出してくれません。基本的にはセール情報を中心に発信して、来店頻度を上げる販促ツールとして活用したほうがいいでしょう。

ネットショップで活用できる「LINE公式アカウント」のプラン（2020年11月現在）

	フリープラン	ライトプラン	スタンダードプラン
月額固定費	無料	5,000円	15,000円
無料メッセージ通数	1,000通	15,000通	45,000通
追加メッセージ料金	不可	5円／通	～3円／通

※LINE公式アカウントの利用料金、サービス内容は変更が度々行われるため、随時、新しい情報を入手すること。

上級編 | CHAPTER 08

リスティング広告の運用は、1～1年半かけてじっくり取り組もう

ひと昔前に比べて競争が激しく、情報のキャッチアップが大変

リスティング広告とは、検索キーワードに連動して表示されるネット広告のことです。YahooやGoogleの検索結果の上位に表示される広告といえば、ピンとくる人も多いのではないでしょうか。

しかし、リスティング広告は、ひと昔前に比べて、運用が非常に難しくなっています。理由の1つとしては、競合が増えてクリック単価が上昇したことにより、費用対効果で割が合わなくなってきていることが挙げられます。最近では広告枠が少ないスマホサイトでの陣取り合戦が激しくなり、利益率の少ないネットショップではすぐに赤字になってしまう状況です。また、広告運用をする管理画面が頻繁に変わるため、情報や使い方のキャッチアップが間に合わず、運用が手に負えなくなってきているネットショップも増えています。

もし、リスティング広告を活用して売上を伸ばしたいのであれば、ほかのネットの販促ツールと同様、「やる」か「やらない」のか、しっかりケジメをつけることが重要です。「やる」を選択するのであれば、リスティング広告はネット上に使い方や運営方法の情報が多く出回っているので、素人でも学習することが可能です。セミナーや本など、学ぶ場と教材も多数あるので、根気よく取り組めば、広告運用の経験値を積むことが可能です。

ただし、やり方はわかっても「いくら広告費を投入すれば、いくら儲かるのか？」という投資感覚をつかむには、やはり時間が必要です。かなり大ざっぱな言い方ですが、だいたい1～1年半は、広告運用のコツをつかむまでトライ・アンド・エラーを繰り返していく必要はあります。

「やらない」を選択する場合は、リスティング広告にはいっさい手を出さ

ないことをおすすめします。明確な検索キーワードがない商品や、競合が多い商品などは、いたずらに広告費が消費されていくだけなので、リスティング広告を使わない方法で戦略を立てたほうが得策といえます。

まずは自分1人で運営して、その後、広告代理店に任せるのがベスト

最もやってはいけないことは、リスティング広告について学習せず、中途半端な広告費を投資し続けてしまうやり方です。細かい計算と豊富な経験の元で初めて採算が取れるネット広告なので、知識のない人が感覚だけで適当な金額を投資してもうまくいきません。また、知識と経験がないまま広告代理店にリスティング広告の運用を丸投げしてしまうと、どのように運用していいのか指示が出せず、ちゃんと運用しているかどうかも判断できないため、結局、無駄な広告費を投資するだけで終わってしまいます。

理想のリスティング広告の運用方法は、まずは自分1人で運用して、コツをつかんだ上で、しっかりと運営してくれる広告代理店に運用を任せることです。そして、広告代理店と一緒にデータを見ながら、ベストな運営方法を1～2年かけて最適化していくやり方がおすすめといえます。

リスティング広告と一般的な広告の違い

	一般的な広告	リスティング広告
広告掲載と広告費の関係	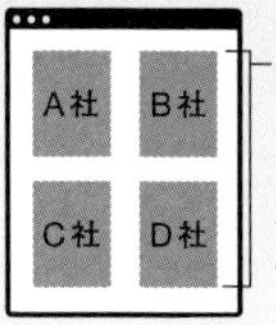 【例】 1枠10万円 一度掲載する場所が決まれば、広告費は固定化される。	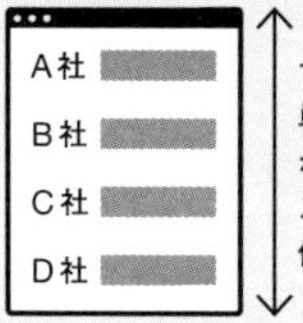 1クリックあたりの単価設定が高ければ高いほど、レスポンスの良い上位に表示される。
管理方法	出稿し終ったら、あとは放置。	出稿しても競合が入札単価を上げてくる可能性があるので、常に広告の表示位置や入札価格を監視し続けなくてはいけない。
広告費	固定化される。	競合が広告費を増額してきたら、自分も追従して広告費を増やさなくては表示順位が落ちてしまう。そのため、広告費は毎月バラバラになってしまう。
広告の制作	出稿する前にマーケティングを行い、キャッチコピー、説明文、画像を決定する。	出稿する前にテストマーケティングを行い、キャッチコピー、説明文、画像を決定する。そして、出稿後も、広告表示位置、転換率を見ながら、キャッチコピー、説明文、画像をレスポンスの良いものに入れ替えていく。一般的な広告と違い、出稿後の作業が必要。
必要な運営能力	・クリエイティブ能力 ・マーケティング能力	・クリエイティブ能力 ・マーケティング能力 ・統計能力　・投資能力 ・システム開発能力 ・コミュニケーション能力　・継続力
その他	・1人でも運用できる。 ・当たるか外れるか運の要素が大きい。 ・素人でも広告運用のデータ解析をすることができる。 ・運営のコツは、定期的に出稿していれば、3～6ヶ月で習得することが可能。	・データを常に解析し続けなくてはいけない。 ・毎月の広告費が変動するので、広告費の決定権がない人には運営できない。 ・しっかり運用されているかどうか、知識と経験がない人には判断ができない。 ・運営のコツをつかむのに1～1年半の期間を要する。 ・管理運用が複雑で手間がかかるので、能力の低い広告代理店は、手を抜いて適当な運営をしてしまう恐れがある。

ここがポイント！

楽天市場やAmazon、Yahoo!ショッピングに出店しているネットショップは、細かいセッティングが求められるリスティング広告の運用に慣れておらず、検証もせずに広告代理店に作業を丸投げしてしまうケースが多いです。
感覚的に活用するモール系の広告運用と違い、自社サイトのEコマースのリスティング広告は費用対効果の見極めが難しく、高いスキルと経験が求められます。リスティング広告の運用を広告代理店に丸投げしているネットショップは、一度、信頼できる第三者の広告代理店に、しっかりした広告運用ができているかどうかチェックしてもらうことをお勧めします。

ランディングページを作りこんで、購買意欲を徐々に高めさせていく

購入するまでのストーリーを与えることで、お客さんの気持ちを高める

リスティング広告やSEO経由でお客さんがページに飛び込んだ時に、そのページのみでお客さんに商品を購入させる販売ページのことをランディングページ（LP）と言います。おそらく、「女の子にモテモテになる教材」や「副業で100万円稼ぐ教材」などの怪しい情報商材を販売するページで、ダラダラと長いページを見たことがある人も多いのではないでしょうか。

これらの情報商材の販売ページは、事例としてはあまり良くありませんが、ページの構成としては学ぶべき点が多いといえます。商品をあっさり説明しているだけのページとは違い、お客さんの心理状況を巧みにつかみ、購買意欲を徐々に高めさせていく手法は、自社サイトの販売ページとしても十分参考になると思います。

消費者はネットで商品を購入するに至るまで、次のステップを踏んでページをスクロールしていきます。

「注意」→「興味」→「連想」→「欲望」→「比較」→「信頼」→「決断」

問題を提起して、解決方法を出して、商品を手に入れた様子を想像させます。そして、お得感や「限定」といった魅力であおって、他社比較データで信頼性を出して、注文やお問い合わせのアクションを促します。このように、購入するまでのストーリーを与えることで、リスティング広告やSEOで流入してきたお客さんを、高い確率で購入まで持ち込むことが可能になります。

長いランディングページが逆効果になるケースに注意

ただし、すべての商品がこのランディングページに適用されるとは限りません。たとえば、ブランド品や型番商品などの、ネットショップに来る前にすでに購入の意思決定がされている商品に関しては、長いランディングページは逆効果になります。また、リスティング広告やSEOを戦略に取り入れていないネットショップでは、商品価値がわかっているお客さんに無意味に長いページを見せることになるため、離脱率の増加につながってしまう場合もあります。それとは逆に、化粧品や健康食品などの、付加価値がわかりにくい商品に関しては、ランディングページを活用して、徐々に気持ちを盛り上げていく必要があります。

このように、商品によってランディングページが適しているケースと、適していないケースがあります。その点を見極めて、効果的に活用していくことが、リスティング広告の運用には求められます。

リスティング広告のレスポンスを上げるランディングページの作り方

注意

インパクトのある写真とキャッチコピーで注意を引く。また、検索キーワードを意識してキャッチコピーをつけることも重要。たとえば、「ドッグフード　安全」という検索キーワードでリスティング広告を展開するのであれば、クリックして飛び込んだランディングページの冒頭のキャッチコピーは「無添加のドッグフードで安心安全」という言葉で、お客さんが調べようとしているキーワードとすり合わせる必要がある。

興味

商品のメリットを絞り込んで、明確に伝える。1つ以上ある場合は、「3つの特徴」として伝えるのも可。ただし、それ以上特徴が増えてしまうと、伝えたいことがあやふやになってしまい、興味を引くことができなくなってしまう。

連想

その商品の“購入後”を写真やイラストで理解させる。「この商品を購入したら、こんなに幸せになりますよ」ということを理解してもらうことができれば、お客さんは購入に対して前向きな気持ちになってくれる。

欲望

「欲望」とは、お得感や限定感のこと。日数や販売数の「限定」を強調することで、「今、買わなかったら後悔する」という思いを強めさせる。セール期間は1～3日ぐらいの短めのほうが販促効果は高い。逆に、オマケ商品をつけたりする特典は、思いのほか反応が鈍い。その商品を手に入れることによって、さらに自分が思い描いている心の奥底にある“欲望”をイラストや写真で強調する。たとえば、「女性にモテる」「カッコよくなる」「頭が良くなる」など、ストレートに表現することがポイント。ただし、商材によっては、この“欲望”のカテゴリーが表現しづらいものもあるので、ケースバイケースでカットしてもOK。

比較

図表や写真、説明文などで、他社よりも優れている点を強調。重要なコンテンツになるので、上部の「興味」の直下に持っていっても可。わかりやすくまとめることが重要。

信頼

利用者の数やお客様の声、販売実績、認定など、「たくさんの人が買っている」「有名な人が認めている」ということがお客さんに伝わるページを作ることが、安心して商品を購入することにつながる。

決断

商品の詳細や大きさなどのスペックを掲載。最終確認のコンテンツとなるので、できるだけ商品情報は細かく掲載して安心してもらう。

「リマーケティング広告」はほかの販促ツールと組み合わせて初めて本領を発揮する

その商品が欲しくなったタイミングで、再び商品を売り込むことができる

一度調べたサイトの商品が、その後広告となって、閲覧しているブログやホームページに表示される「リマーケティング広告」。サイトの閲覧者の履歴を「Cookie」（クッキー）という仕組みでインプットして、見込み客を追従し続けるネット広告です。

リマーケティング広告のメリットは、後からその商品が欲しくなったタイミングで、再び商品を売り込むことができる点です。たとえば、高額なブランド品やジュエリーなどは、品定めをしている時間のほうが長いため、即決で商品を購入する確率は低いといえます。そこで、リマーケティング広告で追従することによって、「買いたい」というタイミングに合わせて商品を購入させることができるのです。

直接商品を買わせる力は乏しい。ほかの販促手法と組み合わせて、データを見ながら運用する

リマーケティング広告の運営のポイントは、ほかの販促手法と組み合わせて並行運用したほうが、より良い反応が得られるという点です。リマーケティング広告はアシスト的な役割の広告で、どちらかと言えば直接商品を買わせる力は乏しいといえます。それよりも、「思い出して買ってもらう」という意味合いのほうが強い広告なので、メルマガやブログ、SNSで情報発信を続けて、「買いたい」という気持ちを高めさせておく“下地づくり”の戦略のほうが重要になります。

また、「思い出して買ってもらう」という性質上、ある日突然、商品名や店舗名を検索して買いにくるケースが多いのも特長です。そのため、ネットショップのトップページを閲覧した際に、すぐにリマーケティング広告で告知している商品だということがわかるように、大きめのバナーを貼っておいたほうがいいでしょう。

リスティング広告と同様、リマーケティング広告も運営方法が複雑で、経験を積まなければなかなかコツがつかめないネット広告のひとつといえます。また、いろいろな広告文と、いろいろな広告画像のテストを繰り返さなければ、高いレスポンスのリマーケティング広告を作ることができないこともあり、テストマーケティングに非常に時間がかかります。

アシストという微妙な立場の広告ではあるため、費用対効果がわかりにくい分、しっかりデータを見ながら運用することが重要です。

ただし、個人情報の保護の観点から、リマーケティング広告の運用に必要なCookieの使用に規制が入る可能性が高いため、追跡型のネット広告の運用方法が大きく変わることが予想されます。

Cookieの使い方や仕組みなどの専門的な知識がなければ解釈が難しいところもあり、今後のリマーケティング広告の運用に関しては、正確な情報をこまめに取っていく必要がありそうです。

リマーケティング広告は、ほかのネット販促ツールのアシスト的な役割を果たす

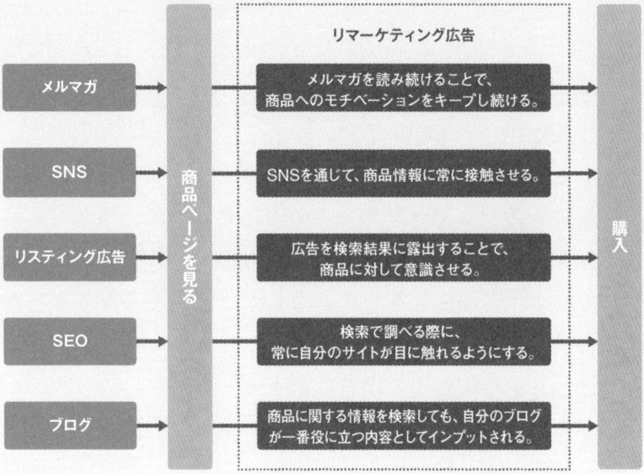

ネット広告の運用は、社内ではなく社外に委託して分業制にせよ

2大検索エンジンに加え、スマホやSNSまで含めると、専属の担当がいても運用は困難

リスティング広告やリマーケティング広告の運用は、年々難しくなってきています。GoogleとYahoo!の2種類の広告を運用しなくてはいけないうえに、最近ではスマホの広告も管理しなくてはいけなくなりました。さらに、TwitterやFacebookの広告まで管理していくとなると、社内に専属の担当者をつけても運用は困難な状況といえます。

このような背景を考えると、もうすでにネット広告に関しては、自社で管理することが不可能な状況になってきているのかもしれません。これからは、広告運用は広告代理店に任せて、社内ではコンテンツづくりや商品開発に力を入れていくほうが、より売上に直結したネットショップ運営になると思います。

知識や経験以上に、人としての相性や人間性が重要になってくるところも

しかし、現状、しっかりとしたノウハウを持ち合わせていて、なおかつ親身になってネット広告を運用してくれる広告代理店は、決して多くはありません。運用を任せても、効率よく広告が露出されておらず、最低限の管理・運営すらできていない広告代理店も多々あります。月1回、会社に訪問して、それっぽいレポートだけを提出する広告代理店も多いですが、結局そのレポートを見ても運営者側が何もわからないので、広告運用の良し悪しの判断すらつかないというのが現状だと思います。

このような事態が多発する理由は、依頼主であるネットショップ側が、ネット広告の知識と経験を持ち合わせていないのが要因といえます。つまり、社内全体でネット広告の知識がないために、広告代理店の運用が正しいのかまちがっているのか判断できず、結果的に中途半端な運営方法に終始してしまうのです。

極論を言えば、ネット広告の成功は、どれだけ質の良い広告代理店と巡り会うことができるかで、勝負が決まってしまうところがあります。広告代理店側の知識や経験も大切ですが、それ以上に人としての相性や人間性が重要になってくるところが大きく、慎重に広告代理店選びを行わなければいけません。

特に知り合いから紹介を受けた広告代理店や、営業電話を頻繁にかけてくるような広告代理店は、レベルの高いネット広告を運用できる根拠がないので、初心者のネットショップの運営者が仕事をお願いするには、リスクが大きいといえます。

ネット広告の運用に詳しい第三者の知人に判断してもらったり、複数の広告代理店を比較したりしながら、自社のネットショップと相性のいい広告代理店を真剣に選ぶことが、ネット広告の正しい運用に求められます。

リスティング広告の代理店の良し悪しの見極め方

- ☑ 契約期間が短い広告代理店のほうが、レベルの高い広告運用をしてくれる可能性が高い
- ☑ 社員数が30人を超える広告代理店のほうが、作業をスタッフが分担して行うので広告運用の安定性がある
- ☑ 管理画面を共有してくれない広告代理店は要注意
- ☑ 除外キーワードを設定しない広告代理店は要注意
- ☑ 広告の露出が少ない。費用対効果があっていない可能性が高い
- ☑ 設定されたクリック単価が常に同じの場合は要注意
- ☑ 1つの広告グループに大量のキーワードが入稿されている場合は要注意

【情報提供】豊田ネットアドバンス
https://toyotanetadvance.com/

SEOやSNSに頼らずに、爆発的な売上を作るプレスリリース戦略

マスメディアに掲載されれば認知度が一気にアップ

自社サイトに集客する方法としては、大きく分けて「SEO」と「ネット広告」、「SNS」の3種類があります。しかし、現状、SEOやネット広告で集客しようとすると競合が多すぎて手に負えず、SNSだとなかなかフォロワーが増えず、情報が拡散するまで時間がかかってしまうという難点があります。

そのような状況下で、効率よく販促力を高めるために、プレスリリースを活用してみるのも一手です。プレスリリースとは、マスメディアに対して、企業側から情報を発信して、記事やニュースとして取り上げてもらう手法のことです。この戦略が成功すると、ネットで商品名や会社名を検索する人が増えて、SEOやリスティング広告に頼らなくても、お客さんが自然にネットショップに集まってくるようになります。また、SNSでも新聞やテレビを観たお客さんが日常的に情報を拡散してくれるようになるので、フォロワーを一気に増やすことも可能になります。

「先に商品やサービスを考えてからプレスリリースを配信する」のが成功の秘訣

プレスリリース戦略の成功の秘訣は、自社での商品やサービスを制作してからプレスリリースを配信するのではなく、マスメディアに取り上げてくれそうな商品やサービスを最初に考えてからプレスリリースを配信することです。つまり、メディアが取り上げてくれそうな専用の商品を制作して、意図的にメディアに取り上げられる戦略を取らなければ、ニュースと

して拡散されないのです。

たとえば、新作のロールケーキを作った場合、「ロールケーキができました」というプレスリリースを出しても、記者たちは相手にしてくれません。それよりも、2月の節分の時期にあわせて「恵方巻きの形をしたロールケーキを作りました」とアピールしたほうが、ニュース性があるため、記者たちは紙面やテレビで取り上げてくれるようになります。

集客手段が限られる自社サイトでは、このようなプレスリリースを使ってメディアの注目を集める販促手法が活発に行われています。ネットによる販促だけではなく、リアルな世界での販促も強化すると、より加速をつけて売上を伸ばすことができるようになります。

メディアに取り上げられやすいプレスリリースネタ（寝具店の場合）

☑ **時代背景にあったもの**

【例】インバウンド消費で日本製の枕がバカ売れ。

☑ **日本一ネタ・世界一ネタ**

【例】世界で最も大きい枕を作ってギネスに登録。

☑ **季節ネタ**

【例】お花見専用の屋外用タオルケット発売。

☑ **イベントネタ**

【例】子どもの日限定。落書きができる羽毛布団。

☑ **社会ネタ**

【例】老人ホームに高級羽毛布団を進呈。

☑ **売れているネタ**

【例】記録的な猛暑で冷却マットが売れています。

☑ **アンケートネタ**

【例】小学生の7割が睡眠4.5時間。

プレスリリースのサンプル

令和●年●月吉日

報道関係者各位

富士山の雪解け水を100%使用
掛川のお茶を使った化粧水を発売開始
「お茶の神様の涙」

静岡県掛川市で日本茶を販売するネットショップ「日本お茶センター」（静岡県掛川市・竹内謙礼社長）では、11月1日より、日本茶を使用した化粧水の販売を始めた。当社では2000年から掛川市産のお茶の販売をインターネットや実店舗を中心に行なってきたが、「もっと日本茶の良さを食品以外で伝えられないか？」という思いから、2016年の春から化粧品の販売を構想。日本茶に含まれるカテキンが、肌を滑らかにする保湿成分を多く含んでいることから、化粧水を販売することに着手し始めた。最初は初めて販売する化粧水のことで従業員もとまどうことがあったが、東京にある化粧品メーカーの協力により、化粧水のコンセプト作りから販売までスムーズに行うことができた。静岡県ならではの、みかんのエキスを配合する考えは、従業員からの発案。「最初は化粧品づくりに警戒していた従業員も、最後は自分達でサンプル品を集めて意見をするようになるほど盛り上がった」（竹内社長）。ちなみに『お茶の神様の涙』という商品名は、厳選した日本茶を使用しているため、その希少価値を理解してもらうために竹内社長がつけたという。化粧水の使い心地は、つけた瞬間にしっとりする感触が第一印象。ベタつき感がないことから「サッパリしていて保湿感がある不思議な感覚」という声が一番多い。10月下旬から販売を開始したところ、予約販売ですでに300セットがインターネットや実店舗で完売。「今後は静岡のお土産屋さんにアピールして、地元の名産品としてプッシュしていきたいですね」（竹内社長）。価格は200ｇで2800円。現在は「日本お茶センター」のネットショップ、及び実店舗で販売されている。

●商品名　お茶の神様の涙
●内容量　100ｇ　●販売価格　2800円（税別）
●発売元　日本お茶センター株式会社

「お茶の神様の涙」に関しての問い合わせは、広報担当の竹内までお問い合わせください。

TEL:

携帯:

プレスリリースを書かなくても マスメディアに取り上げられる方法

年間イベントを常にブログにアップしよう

従来であれば、自社サイトの売上は、SEOとSNS、リスティング広告の運用で勝負がほとんど決まってしまうところがありました。しかし、最近では競合が増えたことで、ネット上で戦略を展開するよりも、お客さんが自ら検索してくれたり、SNSでシェアしてくれたりすることを意識した売り方のほうが、自社サイトは売上を伸ばしやすいところがあります。

そのような背景を考えれば、これからの自社サイトは、マスメディアという大きな力を借りて売上を伸ばす手法を、ノウハウとして身につけていく必要があります。

メディアの取材を受けるために、意識的に自社のブログにマスメディアが欲しがっているようなニュース性のある記事を投稿するのも一手です。たとえば、父の日に「お父さんのお財布づくりイベント」のような販促企画を開催するとします。その企画の主旨を自社のブログに書き込めば、テレビ局の関係者がニュースをネット検索で探しているケースがあるので、取材に来てもらえる可能性が高まります。しかも、父の日のように1年に1回必ず定期的に行われるイベントは、翌年もマスコミがニュースを探しているケースがあるので、何もしなくても毎年マスコミが取材に来てくれる可能性も出てきます。このように、年間イベントを常にブログにアップすることで、メディアに取り上げられる回数を増やすことができるのです。

また、最近ではマスコミ側もTwitterやYouTubeでニュースのネタを探しているケースが多く、SNSや動画に情報をアップすると、ニュースとして取り上げてくれる可能性もあります。マスコミに一瞬だけニュースに取り上げられるよりも、有名なブロガーやユーチューバーに取り上げてもらったほうが売上につながるケースもあり、情報を拡散させる力は大手マスメディアに限った話ではなくなってきているところがあります。

“空振り”も多いが“ホームラン”もあるのが魅力

プレスリリースの販促で売上を伸ばすためには、とにかく根気よく、ニュースをメディアに向けて発信し続けることです。正直、新聞やテレビで取り上げてくれるものはごくわずかで、ほとんどが“空振り”となってしまうのも事実です。しかし、お金をかけずに小さな会社が自社サイトにお客さんを呼ぶためには、このくらいの手間と時間はかける必要があると思います。“空振り”も多いですが、一発逆転の“ホームラン”もあるのが、プレスリリース戦略の魅力でもあります。「どうせテレビや新聞に取り上げられるなんて無理だろう」とあきらめずに、積極的に取り組んでいきましょう。

「〇〇の商品をメディアで紹介します」は要注意

お金を払ってメディアに取り上げてもらうような販促手法の売り込みには注意が必要です。「芸能人が取材に行きます」「有名ユーチューバーが商品を紹介します」「テレビドラマで使用されます」という案内を受けても、費用対効果を吟味した上で、冷静に判断する必要があります。

メディアに取り上げられても、その商品が売上につながるかどうかは当たりハズレの差が大きく、小さな会社がお金を投資して行う戦略としてはリスクが大きいところがあります。芸能人が一度だけメディアで紹介してくれたり、テレビドラマで一瞬だけ商品が映ったりするだけでは、情報発信に継続性がないため、ブランディングにも売上にもつながりにくいところがあります。

もちろん、「お金を払ってメディアで紹介してくれて、爆発的に商品が売れた！」というネットショップの事例も存在しています。しかし、その多くがタイミングや商材の相性など、さまざまな“偶然”が重なって起きた出来事で、やはり多くの人に商品を認知してもらうためには、コンスタントにメディアに取り上げてもらうための、お金をかけないプレスリリース戦略を実践していく必要があります。

お金を払ってメディアに取り上げてもらうニュースは、お客さんにも感じ取られてしまうものです。そのような広告とニュースのグレーゾーンを狙うような情報発信に頼るのではなく、メディアに取り上げてもらえる広報戦略をしっかり構築したほうが、将来的に息の長いネットショップ運営につながると思います。

メディアがネットで探しているニュースの検索キーワード

☑ **合格グッズ**

変わり種の合格グッズを探している。

☑ **うるう年　イベント**

うるう年の変わったイベントを探している。

☑ **お花見　スイーツ**

お花見の時期に限定で販売される桜のスイーツを探している。

☑ **渋滞　グッズ**

ゴールデンウィークの渋滞の際に車内で遊べるグッズを探している。

☑ **雨の日　割引**

雨の日にお得に過ごせるニュースを探している。

☑ **暑さ　割引**

猛暑でもお得に過ごせるニュースを探している。

☑ 夏休み　宿題

夏休みの宿題で面白いものを探している。

☑ 防災訓練　イベント

9月1日の防災の日のイベントを探している。

☑ いい夫婦の日　プレゼント

いい夫婦の日に話題性のあるプレゼントを探している。

ここがポイント！

テレビ局や新聞記者は、常にニュースになりそうなネタをネットで検索しています。上記の検索キーワードは、比較的、世の中にネタが少なく、なおかつニュースとして取り上げられる可能性の高いものをリストアップしてみました。これらのネタに関してブログで記事を書いたり、商品名に入れてみたりすると、その記事をテレビ局のリサーチャーや新聞記者が見つけて、自ら取材に来てくれる可能性があります。特に、天気や季節に関連するニュースは取材テーマとしても人気が高いので、そのような検索キーワードを意識しながらコンテンツを制作してみるのも戦略として面白いと思います。

ホームページのリニューアルを成功させるためには、戦略をリニューアルせよ

「売上アップ」ではなく「気持ちの問題」でリニューアルしようとしていませんか？

売上が伸びなくなると、ネットショップのリニューアルをしようとする人は多いです。しかし、実際には、売上の鈍化とサイトにはあまり相関関係がありません。サイトを変えてもアクセス数が伸びるわけではありませんし、商品やサービスの本質が変わるわけではありません。つまり、トップページのデザインを変えただけでは、売上がほとんど変わらないのが現実なのです。

それでもサイトのリニューアルをしたがる人が多いのは、特に理由もなく「リニューアルしたい！」という気持ちが高まってしまい、その気持ちをオフにすることができないまま、不要だと思いつつもホームページをリニューアルしてしまった —— というのがほとんどの要因だと思います。たとえるなら、子どもが欲しいオモチャを見つけると、ずっと「欲しい、欲しい」と駄々をこね続けるのと似ているところがあります。結局のところ、リニューアルは売上アップが目的ではなく、気持ちの問題のほうが大きかったりするのです。そのため、ネットショップの運営者は、本当に今のこの時期にサイトをリニューアルするべきかどうか、冷静に判断する必要があります。

デザイナーはページを作ることのプロであっても、売ることのプロではない

ネットショップのリニューアルをする前にチェックするべきことは、ア

クセス数をアップさせる施策を行っているかどうかの確認です。ブログの更新やSEOなど、アクセス数を伸ばすための基本的な販促ができていなければ、サイトをリニューアルしても売上が伸びないままで終わってしまいます。また、トップページをリニューアルするよりも、商品ページをリニューアルしたほうが売上に直結しやすいところがあります。A/Bテストを繰り返して、確実に商品購入に結びつけるページを構築することのほうが、サイト全体をリニューアルするよりも大切なのです。

そのような施策をすべて打ったうえで、ネットショップをリニューアルするのであれば、ホームページのデザインだけではなく、販促手法や商品の方向性も含めて、すべての戦略を見直したほうがいいと思います。売り方そのものを見直すことで、サイトにアクセスを集める方法も変わってくるので、それらの導線も考慮したうえで、サイトをリニューアルしたほうがいいでしょう。

また、サイトのリニューアルをホームページ制作会社に丸投げする企業も多いですが、デザイナーはページを作ることのプロであっても、売ることのプロではありません。そのため、ページの構成やキャッチコピー、写真などはすべて自前で用意したほうが売上アップにつながりやすいところがあります。ホームページ制作会社には「作ってもらうだけ」という状況にしたほうが、より販促力の高いネットショップを作ることができると思います。

このように、ネットショップのリニューアルは、デザインを変えるだけでは、お金をドブに捨てるような結果で終わってしまいます。リニューアルするということは「売上を伸ばす」ということが大前提になります。今までの戦略も含めて、すべてをリニューアルするつもりで、大胆な改革をするようにしましょう。

ここがポイント！

ベテランのネットショップ運営者に「この公式を知っていますか」と言われたことはないでしょうか？

アクセス数 × 転換率 × 価格 ＝ 売上

この3つの項目の数値を上げれば、売上があがる。だから、“転換率”を上げるために、ホームページをリニューアルしましょう —— そんなことを、経営コンサルタントやホームページ制作会社にアドバイスされた人は少なくないと思います。
しかし、この公式どおりにやれば、本当に売上が伸びるのでしょうか？
まず、整理して考えると、この公式に当てはめて売上を伸ばそうとした場合、下記の改善策が考えられます。

アクセス数	×	転換率	×	価格	＝	売上
↓		↓		↓		
集客戦略の改善		サイトリニューアル		商品力の改善		

しかし、サイトをリニューアルして転換率だけ改善させても、「集客戦略」と「商品力」を放置したままでは、売上が不安定になったままです。

つまり、「サイトリニューアル」だけを行っても、集客戦略と商品力が“未知数”のために、売上も“未知数”になってしまうのです。
たとえば、サイトリニューアルで、仮にサイトの転換率のレベルを「100」という満点に改善させたとしましょう。しかし、この公式に当てはめてしまうと、次のようになってしまいます。

集客戦略(X) × サイトリニューアル100 × 商品力(y) = 売上(Z)

このように集客戦略「x」と商品力「y」の2つの数字を固定化しなければ、売上の「Z」という数値も未知数のままになってしまい、売上の波の激しいネットショップになってしまうのです。つまり、サイトリニューアルをしても、ほかの数字が「x」や「y」の状態のままなので、売上は上がる可能性もありますが、下がる可能性も出てきてしまうのです。
ここで考えなくてはいけないのは、「x」と「y」の数値を固定化して、「Z」の数値を確定したものにすることです。その対策は以下になります。

集客戦略「x」
集客戦略も、サイトリニューアルと同様「100」の満点のレベルにして、徹底的に完璧な集客戦略を組み立てる。

商品力「y」
競合他社よりも性能や価格面でも優れた、圧倒的に勝てる「100」の満点の商品を投入する。

これにより、公式にあてはめる数値が固定化されて、売上に明確な数字が見えてくるようになります。
以上、すべての数値を「100」と仮定した場合の公式です。

集客戦略100 × サイトリニューアル100 × 商品力100 = 売上1000000

「売上が100点満点を超えてるじゃん!」と思われるかもしれませんが、それは当然です。すべての仕事を“完璧”にやったわけですから、100点を超越するぐらいの極端な売上になるのです。しかし、これに少し気が抜けて集客戦略と商品力の改善に「50」しか力を注げてないと……

集客戦略50 × サイトリニューアル100 × 商品力50 ＝ 売上250000

このように、いくらサイトのリニューアルで「100」を獲得しても、売上のレベルは一気に4分の1まで減少してしまうのです。

結論

①サイトをリニューアルしただけでは売上は上がらない。同時に、集客戦略と商品力も見直さなくてはいけない。

②ネットビジネスの仕事は、常に「100点満点」を目指さなくてはいけない。どこかで綻びが出てしまうと、すべての販促に影響を与えてしまう。
余談だが、ネットショップ運営者の成功者には、完璧主義者、ストイックな人が多い。「このへんでやめておこう」という妥協が許されないのが、ネットビジネスの仕事なのである。

③気軽に「アクセス数×転換率×価格＝売上」の公式を口にする経営コンサルタントやホームページ制作者には要注意。この公式がかんたんに当てはまるほど、ネットショップ運営は単純なものではない。

ネットショップの人材採用は、SNSと新聞折り込みを活用すれば解消される

条件を欲張りすぎず、役割分担ごとに採用

ネットショップの売上が伸びてくると、売上アップのために、人材の採用も行わなくてはいけません。しかし、小さいネットショップの場合、固定費を上げられない事情から、人件費をできるだけ抑えて、良い人材を確保したいというのが本音のところでもあります。

しかし、求人サイトを活用してしまうと、ほかの大手企業と比較されてしまい、労働条件が見劣りしてしまいます。そのため、規模の小さな会社では、なかなか良い人材が集まらないというのが現状です。また、「ネットショップの仕事」と聞くだけで「専門的な知識が必要だ」と誤解してしまう人が多く、応募そのものが少ないというのも悩みどころです。

そのような事情を考えると、ネットショップの人材は集めにくいところがあるため、仕事の能力に関してはあまり欲張らないようにしたほうが得策です。「ページ制作もできて、受注管理もできて、人当たりもよくて、働くことにモチベーションの高い人」と条件を欲張りすぎてしまうと、いつまで経っても新しい人材を採用することができません。それよりも、「ページ制作のみ」「受注管理のみ」「梱包のみ」といった感じで、役割分担ごとに採用して、それぞれを短時間労働にしたほうが、人材が集まりやすいところがあります。

長期的な視点で「働き甲斐のある職場」であることをアピールしていく

募集方法もひと工夫してみましょう。たとえば、新聞の折り込みチラシ

を使って募集すると、地元の優秀な人材にアプローチすることが可能になります。求人サイトのように他社と条件を比較されることが少なく、「この町で仕事をしたい」という、給与以外の条件でメリットを感じてくれる人を採用することができます。

また、SNSやブログで求人をしてみるのも一手です。SNSで企業の方針や商品に関して紹介していると、「こんな会社で働いてみたい」という人を囲い込むことができます。そして、SNSで求人を出すと、その会社や商品を好きな人にアプローチできるので、「働かせてください！」とすぐに応募がくるケースが多々あります。

ただし、そのような状況を生み出すためには、マメにSNSで「働きたい」と思われる情報や写真をアップしなければいけません。スタッフが楽しそうに働いている写真や、商品に対する思い入れを語る記事などを積極的にアップして、お客さんだけではなく、採用見込み者までファンにするための情報を発信していかなければいけません。

長期的な視点での求人戦略になりますが、労働条件が厳しい中小の企業は、積極的な情報発信を行い、働き甲斐のある職場であることをアピールしていく必要があります。

今後、日本では労働人口が減少していくことは明らかです。そのような状況下で、条件が悪くても「働きたい」と思ってもらうためには、下記の2択しかありません。

①優秀ではない人材を採用して、会社の「仕組み」で売上を伸ばす
②地道な企業PRで優秀な人を採用して、売上を伸ばす

人材を採用する前に、まずは、自分の会社がどのように売上を伸ばしていくか戦略を立ててから、会社にとって必要な人材を採用する方法を考えていかなければいけません。

「仕事ができない人」を「仕事ができる人」に変える方法

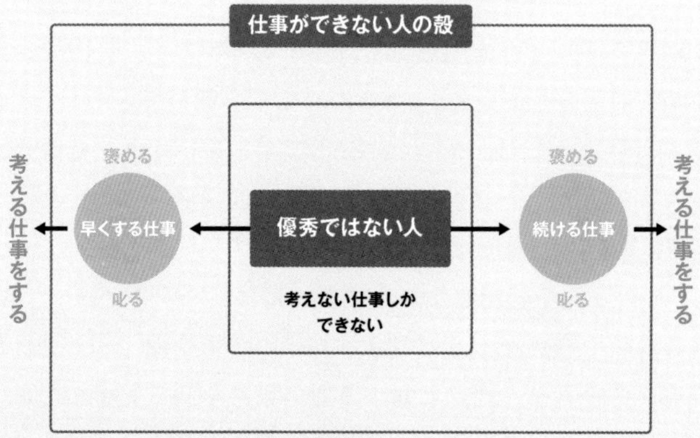

ここがポイント！

人材不足になると、中小企業は「仕事ができない人」を採用せざるをえない状況に追い込まれます。しかし、そのような人材を意図的に教育していくことができれば、人材の悩みは解消されていきます。

前ページの図のとおり、「仕事ができない人」というのは「何も考えないで仕事をする」という状態のことをいいます。だから、最初のうちは考えて仕事をしてもらうために、できるだけ単純な仕事をさせるようにしましょう。何も考えない人ができる単純な仕事の中で求められる能力は、下記の２つしかありません。

・早く仕事をすること
・続けて仕事をすること

たとえば、新人スタッフを採用したら、あまりたくさんのことはやらせずに、まずは伝票の整理やオフィスの掃除などの「早くやる仕事」からお願いしていきましょう。また、別の新人スタッフには、いきなり企画を考えさせたりするのではなく、ブログを毎日更新するような「続ける仕事」をやってもらうようにしましょう。

そして、「早く」と「続ける」を上司が叱咤激励しながら指導し続けると、やがて新人スタッフは次のようなことを考え始めます。

「早く仕事をするためには、どうすればいいのか？」
「続ける仕事をするためには、どうすればいいのか？」

このような考えが身について初めて「考える仕事」ができるようになり、「仕事ができない人」の殻を破ることができるようになるのです。

上級編 | CHAPTER 16

さらなる売上アップを狙うための
システム選び

モールなどにも対応しているものを使うのがおすすめ

受注件数が増えてくると、受注管理の対応が煩雑になっていきます。配送伝票や納品書を人の手で書き続けるには限界があり、売上が伸びていくにつれて、受注対応をシステム化していかなければ、注文がさばききれなくなってしまいます。

ネットショップ運営の受注管理のシステムに関しては、できるだけ既存に出回っているシステムを活用するようにしましょう。システム会社に依頼して、自前でオリジナルの受注管理ソフトを構築するネットショップもありますが、トラブルが発生した場合にシステムエンジニアが社内にいないとスピーディに対応することができないという難点があります。また、自社サイトだけではなく、楽天市場やAmazonなどの受注管理にも対応しているものを使ったほうが、将来的に複数店舗を運営した場合に、ストレスなく使うことができます。

使い勝手を担当者に試してもらう

自分のネットショップに合った受注管理システムを見つけるためには、候補に上がっている受注管理システムをすべて試してみることをおすすめします。あるネットショップが「使いやすい」といっているシステムでも、使う人の能力と、取り扱う商材によって「使いやすい」という感覚は人それぞれ違います。そのため、まずは受注管理の担当者に試しに導入予定のシステムを使ってもらい、最も使いやすいと思ったシステムを採用したほうがいいと思います。

ただし、マイナーなシステム会社の受注管理ソフトを採用してしまうと、トラブルが起きても対応できなくなってしまうケースがあります。システム会社そのものが倒産したり、身売りしたりするケースも多々あるので、小さな会社の受注管理システムを使うリスクはそれなりに大きくなります。そのような事態を避けるためにも、できるだけ多くのネットショップが利用している、大手企業の受注管理システムを使ったほうが得策と言えるでしょう。

自社サイトの受注管理対応を劇的に変える“神システム”ベスト3

受注管理システム　[クロスモール]　https://cross-mall.jp/

東証一部上場の株式会社アイルが提供するASP型の受注管理ソフト。受注管理だけでなく、在庫管理や商品登録などのバックヤード全般の業務の効率化が図れる。実店舗のPOSレジとも連携できて、自社サイト以外にも楽天市場やAmazonなどのモールとの複数店舗運営にも対応する。導入まで親身になって相談に乗ってくれるサポート体制に定評がある。

メール共有ソフト　[メールディーラー]　http://www.maildealer.jp/

メール対応を複数のスタッフで管理するために作られたメール共有ソフト。このソフトを導入すれば、分担してメール対応することが可能になり、不定期出社のアルバイトやパートでもメール対応することが可能になる。人件費を安く抑えることができると評判。上場企業の株式会社ラクスが運営していることも安心材料のひとつだ。

調査ツール　[nint]　https://www.nint.jp/

各モールの市場規模や売上などがわかる調査ツール。Eコマースのトレンドが把握できて、競合のネットショップの動向を可視化できる。自社の商品の価格設定や、急激に売上が伸びた商品なども調査できるので、自社サイトで販売する商品開発の参考にするネットショップも多い。

内部スタッフの人数を極力抑えて、効率よく外注スタッフを活用する

要望を具体的に提示し、素材をすべてそろえた状態で、マッチングサイトにエントリー

ネットショップの立ち上げにあたり、新たにスタッフを採用してページ制作やSEOの作業をやってもらうのではなく、外部の業者にそれらの仕事を委託してしまうのも一手です。外部の業者のほうが、余計な対人関係のストレスがなく、その人の能力の得意不得意で仕事が振り分けられるので、効率よく業務を回すことができます。

外部の業者を探す場合は、「ランサーズ」や「クラウドワークス」などのマッチングサイトを活用することをおすすめします。マッチングサイトには多くの個人業者や専門業者が登録しており、こちらから予算と仕事内容の要望を出せば、すぐに希望の業者を見つけることが可能です。

外注業者とうまく仕事をするためには、こちらの要望を具体的に提示しなくてはいけません。たとえば、商品ページの制作を依頼する場合、サンプルになるネットショップのページを見せて「こんな感じのページを作りたい」と伝えたほうが、外注のデザイナーは作りやすいところがあります。

また、制作の依頼を出す段階で、ページのラフ図案や写真、本文の原稿などの素材を一式そろえていたほうが、外注業者側も見積もりを出しやすくなるところがあります。マッチングサイトを利用する際は、できるだけ依頼する内容の素材をすべてそろえた状態でエントリーしたほうがいいでしょう。

報酬はメリハリをつけて

外部の業者への報酬に関しては「安かろう、悪かろう」と思ったほうがいいです。そのため、だれでも作れそうなデザインの仕事や業務委託に関しては報酬額を抑えて、逆にオリジナリティのある仕事や専門性の高い仕事に関しては報酬額をしっかり支払うことで、メリハリをつけたほうがいいと思います。

ただし、外注業者も同じ人間なので、報酬を値切ったり、横柄な仕事の頼み方をしたりすると、モチベーションを下げてしまって、依頼した仕事にも大きな影響を与えてしまいます。外注の業者の中には、常に孤独感を味わっている人も多いので、少し大げさに誉めたり、喜んだりしてあげながら、仕事のモチベーションをキープしてもらう気配りも必要です。

代行業者に頼めばネットショップの売上を伸ばしてくれるのか？

人材不足の問題で、ネットショップの運営を外部の業者に委託する企業が増えています。ネットショップ運営に疎い社内のスタッフに片手間で運営させるよりも、外注のプロのネットショップ運営者にページ制作やネット広告の運用を委託したほうが、少ないコストランニングで、高いパフォーマンスを発揮することが可能になります。

しかし、現状、請け負った外注業者も片手間で仕事をしている状況は変わりなく、商品にも思い入れがないため、売れるネットショップを構築することは難しいのが現状です。放っておいても売れるような商品力のあるアイテムであれば、運営者の能力が問われないため、外注業者に仕事を委託しても売上は伸びる可能性はあると思います。

しかし、付加価値をつけたり、こまめに販促企画を展開したりしなくてはいけない商品の場合は、運営者の思い入れや独自のノウハウが求められるため、外注の業者で売上を伸ばすことは難しくなります。

「売れているネットショップを任せる」のであれば、外注業者を利用されることをお勧めしますが、「ネットショップを立ち上げたい」「ネットショップの売上を伸ばしたい」という要望であれば、自社で人材をそろえて、ノウハウを一から勉強して売上を伸ばしたほうが、息の長いネットショップ運営につながると思います。

外注に任せられる仕事の種類と注意点

仕事の種類	注意点
ホームページ制作	制作費はピンからキリ。 過去のホームページの制作事例を見せてもらって決めたほうがいい。
スマホサイト制作	売れているスマホサイトを提示して「これと同じようなデザインのものを作ってほしい」と具体的に指示を出したほうがいい。ただし、デザインをパクるのはご法度。
バナー作り	安ければ、1個数百円で作ってくれる業者も。
ロゴ制作	ロゴはセンスが重要。こちらの提案にどれだけ具体的なデザインに関する返答をするかで、相手の理解力を計る。
名刺制作	名刺のデザイン力で売上が伸びることはないので、安い業者を探すこと。
イラスト・漫画	丸投げすると酷い作品が仕上がることも。 制作する前に、こちらが具体的なラフ図案を描かなければいけない。
写真	経験値が浅くて若いカメラマンでも、そこそこ質の良い写真は撮れる。
動画制作	カメラマンの撮影技術よりも、 絵コンテを描くプロデューサーの腕で動画のクオリティが決まる。

仕事の種類	注意点
チラシ・カタログ制作	こちらが具体的にラフ図案を描かなければ、いい加減なデザインが上がってくるので要注意。
印刷	価格が安くても、印刷の質が落ちることはない。ただし、入稿方法などが多少面倒になるのでネットが苦手なスタッフだと苦戦することも。
システム開発	かんたんなメール配信ソフトや見積書発行システムなどは格安で作ってもらえる。
コンサルタント	ピンキリ。マッチングサイトに登録している時点でスキルは怪しいと思ったほうがいい。
SEO	SEOの基本ノウハウがなければ、良し悪しの判断ができない。SEO本は最低でも1冊は読んでから依頼すること。
ネット広告運用	良し悪しの判断が難しい。リスティング広告に関する本は1冊読み、セミナーに参加して1年以上自分で広告を運用してから依頼すること。
商品登録	商品アップやかんたんなページ作りなど、流れ作業の依頼。過去に楽天市場など、ネットショップ運営の経験がある人に依頼したい。
Webライター	SEOの知識があるライターが理想。その人が書いたサンプル原稿を入手して、ネットで検索してコピペをしていないかチェック。
ブログの運用代行	SEOの知識があるライターが理想。過去に制作したブログは見せてもらったほうがいい。
ネットショップの運用代行	売上アップはあまり期待できない。テクニックを持っている人よりも、マジメな人に依頼したほうがいい。

「組織」か「1人」かを決めると、10年先の戦略が見えてくる

会社を大きくしたいなら、経営者は永遠に走り続ける覚悟が必要

ネットショップの売上が伸びてくると、仕事量と収入のバランスを取ることが難しくなります。人を採用しても、目に見えて仕事の量が減ることはほとんどなく、対人関係のストレスだけが増えてしまい、本末転倒になってしまうネットショップも少なくありません。また、単価が低く、利益率の低い商品を取り扱っていると、売上が伸びて忙しくなる割には利益が少なく、「独立する前のサラリーマン時代のほうが収入が良かった」という話もよく耳にします。

ネットショップ運営は闇雲に売上だけを追求していっても、収入が右肩上がりで増えていかないビジネスモデルです。「将来的にどのような会社にして、どのような組織を作りたいか？」という具体的な目標を決めなければ、いくら良質な戦略を立てても、無意味なもので終わってしまいます。

もし、「売上を伸ばして、大きな会社にしたい」というのであれば、「お金」が最終目標になるので、組織を拡大していく戦略を取らなければいけません。仕事をマニュアル化して、能力の低い人を採用しても売上が伸ばせる仕組みを作る必要があります。一方で対人関係にストレスを抱えることは覚悟しなければいけないうえ、売上を伸ばして増えていく従業員を養っていかなくてはいけないので、そのような会社の経営者は永遠に走り続ける覚悟を持つ必要があります。

売上を追わなければ、仕事のペースダウンも自由自在

反対に、「売上よりも、自由な時間が欲しい」というのであれば、目的が

「時間」になるため、1人でも仕事ができる環境を整える必要があります。起業当初からフルに外注業者を活用して、スタッフを増やさない経営を目指さなくてはいけません。

1人でネットショップを運営すると、売上規模の拡大が狙えなくなり、大きなお金を手にすることはほとんど不可能な状態になります。しかし、余計な対人関係のストレスを抱えることがなくなり、自由な時間を手に入れることができます。生活に困らない程度のお金を稼ぐことができれば、無理して売上を伸ばす必要がありません。お金に追われる生活とも無縁になります。また、いつでもリタイアできるので、歳を重ねるごとに仕事をペースダウンさせることも可能になります。

このように、ネットショップの売上を伸ばす以前に、「自分はどのような人生を送りたいのか？」によって、取るべき戦略とネットショップの運営スタイルが決まるところがあります。猪突猛進でがむしゃらに売上を伸ばすことも大切ですが、次のステップに踏み込むときには、必ず一度立ち止まって、「何のためにネットショップを運営しているのか？」ということを再確認する必要はあると思います。

自社サイトの組織を拡大していく一例

組織人数	人材の仕事内容	組織変化の詳細
1人	社長	すべて1人で仕事をやる。自由。 だけど忙しくて時間がない。
2人	社長・事務	事務や雑務をやってくれるスタッフ。 奥さんや親友に頼るケースが多い。

組織人数	人材の仕事内容	組織変化の詳細
3人	社長・事務・ページ制作担当	ページ制作をアルバイトや外注スタッフに依頼する。
4人	社長・事務・ページ制作担当・商品管理	ページ制作担当を正社員化。同時に、バイヤー兼商品管理のスタッフを採用。
5人	社長・事務・ネットショップ運営担当・ページ制作担当・商品管理	ページ制作担当者を運営者に昇格させて、新たにページ制作担当をもう1人採用する。
6人	社長・事務・ネットショップ運営担当・ページ制作担当2人・商品管理	ページ制作担当者を2人体制にしてページ数を増やしたり、仕事のスピードを上げたりして売上拡大を狙う。
7人	社長・事務・ネットショップ運営担当2人・ページ制作担当2人・商品管理	運営者を2人体制にして、SEOやSNSなどの販促を強化。ネットショップも複数運営。
8人	社長・事務・ネットショップ運営担当2人・ページ制作担当2人・商品管理・システム	システム担当者を導入して、業務の効率化を図る。
9人	社長・事務・ネットショップ運営担当2人・ページ制作担当3人・商品管理・システム	ページ制作担当者を増やして、商品点数のアップと販促企画のスピードを上げる。
10人	社長・事務・ネットショップ運営担当2人・ページ制作担当3人・商品管理2人・システム	商品管理とバイヤーを分けて、新たにスタッフを採用。商品の仕入れや開発に力を入れる。
11人	社長・事務・ネットショップ運営担当2人・ページ制作担当3人・商品管理2人・システム・卸担当	新たに卸担当者を採用して、実店舗に向けた販促を展開。
12人	社長・事務・ネットショップ運営担当2人・ページ制作担当4人・商品管理2人・システム・卸担当	ページ制作担当をさらに増やして、ネットショップ運営の業務をさらにスピードアップ。

ここがポイント！

商材や会社の状況によって、組織の拡大方法はまちまちなので、一概には前ページの拡大方法には当てはまらない場合もあります。ただし、大まかに以下の流れになると思います。

「雑務の解消」→「ネットショップ運営の分担」→
「システムによる効率化」→「卸販売の展開」→「さらなる売上拡大」

表を見てもわかるとおり、一番仕事がキツイ時期が３～６人ぐらいの組織です。人数が少ないうえに、実質、売上を直接伸ばせるスタッフがそろっていないため、資金的にも精神的にも厳しい状態といえます。この体制でネットショップの運営を続けると、永遠に「儲からないけど忙しい」という状態が続く可能性もあります。この段階で「規模を大きくする」か「規模を縮小する」かの方向性を見極めたほうがいいかもしれません。
また、組織というのは拡大していくにつれて新陳代謝が起こるものです。初めて採用した人材は、会社の経営が苦しいときにがんばってくれたスタッフなので、どうしてもひいき目に見てしまうところがあります。しかし、新しいスタッフを採用していくにつれて、古いスタッフの仕事の能力がさほど高くないことが判明してくると、「情を優先するべきなのか？　それとも効率を優先するべきなのか？」という経営者の判断が迫られるところがあります。このような経営者とスタッフの軋轢は、「6人」「9人」と、バレーボールの編成人数と同時期に発生するといわれています。しかし、9人を超え始めると、一気に事業は拡大していくところがあるので、まずは「9人」の体制を目指して、組織づくりを行っていきましょう。

上級編 | CHAPTER 19

ビジネスパートナーになったつもりでアフィリエイターに接しなさい

自分の商品のバナーを貼ってくれるサイトが10個以上思いつかなければ、やってもうまくいかない

SEOが得意な人たちが、ネットショップに代わって商品を紹介して、販売の手助けをしてくれるネットビジネスの仕組みのことを「アフィリエイト」といいます。アフィリエイター（商品の紹介を手助けしてくれる人）が制作したサイトを経由して商品が売れたら、売り手側が紹介料を支払うことから、“ネット上の代理店”といえばイメージがつきやすいと思います。

アフィリエイトをうまく活用するためには、まずはアフィリエイトに関する本を読んだり、セミナーに参加したりして、仕組みを理解することから始めてみましょう。知識がない状態で始めてしまうと、何から手を付けていいのかわからなくなってしまい、無駄にアフィリエイトの手数料を支払うことになります。どのようにアフィリエイトを活用して売上を伸ばしていくのか、その戦略や事例を基本から学ぶ必要があります。

そのうえで、自分の取り扱っている商品がアフィリエイト向きなのか、そうではないのかを判断する必要があります。アフィリエイトに取り組む前に、自社の商品の検索キーワードをすべて洗い出して、その検索結果の上位にアフィリエイターの制作したサイトが表示される目処が立てば、アフィリエイトで売上を作れる可能性が出てきます。

一方で、検索キーワードがひらめかなかったり、競合が多くて上位表示が難しかったりする場合は、アフィリエイトに本格的に取り組むことは再考したほうがいいでしょう。多くのアフィリエイターに取り上げてもらわなければ販促効果は生まれないので、最低でも10個以上の上位表示が狙え

る検索キーワードを持っていなければ、アフィリエイトで売上を作ることは難しいと思ったほうがいいと思います。

常にアフィリエイターのモチベーションを上げる施策を展開する

アフィリエイトがうまくいくイメージができた場合は、さっそくアフィリエイトサービスを提供している会社に申し込みをしましょう。アフィリエイターが運営しているサイトに貼りやすいバナーやテキスト文を用意して、優秀なアフィリエイターを取り込む施策を展開していきます。

アフィリエイターに積極的に自分の商品を取り扱ってもらうために、報奨金を上げたり、商品を無料提供したり、常にアフィリエイターのモチベーションを上げる施策を展開する必要があります。アフィリエイトは、なにもせずに黙っていても売上が伸びるネット販促ではありません。ビジネスパートナーを鼓舞するつもりで、アフィリエイターとコミュニケーションを取り、常に自社の商品をご贔屓にしてくれる関係性を維持していかなければいけません。

アフィリエイトを利用して自社サイトの売上を伸ばすためには、本気になって取り組まなければ、成功することは難しいと思います。少なくとも片手間で運営して、放置しているうちに勝手に売上が作れるようなかんたんな施策ではないことは確かです。本気でアフィリエイトで売上を作っているネットショップは、専属の担当者をつけて、有力なアフィリエイターと密に連絡を取り合いながら売上を伸ばす施策を講じています。アフィリエイトに対してそこまで投資する意味があるのかと疑問に思われる方もいるかもしれませんが、自社のスタッフに変わってSEOに取り組んで上位表示してくれているという現実を考えれば、そこまで大きな時間とお金の投資ではないという考えもあります。

ただし、SEOやリスティング広告の知識がなければ、アフィリエイターとのコミュニケーションをうまく取ることはできません。1年間ぐらいはSEOとリスティング広告の運用経験があったほうが、アフィリエイターと良好な関係が築きやすいところがあると思います。

アフィリエイトで売上を伸ばすための3施策

☑ アフィリエイトがやりやすくなる素材を提供する

たとえば、「Google AdSense」(グーグルアドセンス) で推奨されているサイズに合わせてバナーを作ったり、季節やキャンペーンによって適切なバナーを提供したりすると、アフィリエイターもアクティブに動きやすくなる。また、バナーやテキスト文だけではなく、商品やサービスの写真やイラストなどを提供するのも一手。

☑ 質が高いアフィリエイターの提携数を伸ばす

アフィリエイトのASPが配信しているメルマガなどで宣伝して露出を高めたり、アフィリエイターの勉強会や集まりに参加したりして、有力な提携先を見つける。また、自分が狙っている検索キーワードの検索結果から有力なアフィリエイターを見つけて、個別にリクルーティングをかけていくのもいいだろう。

☑ 質の高いアフィリエイターに動いてもらう

アフィリエイターを囲い込むことができたら、彼らに対して定期的にノウハウを提供していく。たとえば、上位表示を狙うキーワード候補を伝えたり、サイト作成のコツやノウハウを提供したりすることで、積極的に検索結果で上位を狙うためのアクションを起こしてもらうようにする。モチベーションが落ちないように、定期的に連絡することも忘れてはいけない。

売れる商品の開発と仕入れのポイントは「検索キーワード」と「ビジュアル」

「ストーリーや思い入れがある商品」「写真映えする商品」は売りやすい

ネットで売れる商品は、基本的には検索されやすいキーワードが存在していることが大前提となります。たとえば、「折りたたみ自転車」の場合、検索キーワードが明確なので、SEOもリスティング広告も仕掛けやすいところがあります。反面、「きのこ」という検索ワードになると、ネットで検索してわざわざ調べる言葉ではないため、きのこに関する食材や調味料などはネットではやや売りづらいところがあります。

そのほかにも、キャッチコピーがつけやすい商品や、開発ストーリーや作り手の思い入れが表現しやすい商品はページが作り込みやすいので、ネットで売りやすいところがあります。最近では、FacebookやInstagramの普及で、写真に撮って「可愛らしい」と思われる商品もネットで売れる条件のひとつになっています。画像バナーにしたときにもクリックされやすいため、“見た目重視”で商品開発をするのも一手です。

「どこでも売っている商品」「奇をてらった商品」は売りづらい

反対に、ネットで売りづらい商品というのは、「どこでも売っている商品」です。わざわざ自分のネットショップで購入する必要がないので、そのような商品は価格競争に巻き込まれてしまい、すぐに売れなくなってしまいます。

また、奇をてらった商品や、これから市場に新しく登場する商品というのも、ネットで売ることは難しいといえます。明確な検索キーワードが存在していないことに加えて、その商品を使用すること自体になじみがないので、ネット通販のような直接手に取って試すことができない売り場では、やはり販促は不利になってしまうのです。「この商品は売れるぞ！」という画期的な新商品は、まずはリアルな実店舗で販売するほうがヒットにつながる可能性が高いといえます。

商売の世界は、何が大ヒット商品になるかわからないところがあるのも事実です。最初から売れる商品がわかれば、困ることはありません。特にEコマースの世界は、数をたくさん市場に出さなければ、売れる商品にたどり着かないところがあります。一度や二度の失敗にめげずに、トライ・アンド・エラーを繰り返すタフなハートを持つことが、商品開発担当者やバイヤーには求められます。

ネットで売れる商品は
検索キーワードの有無と競合の有無によって決まる

●検索キーワードがある ●競合が多い △	●検索キーワードがある ●競合が少ない ◎
●検索キーワードがない ●競合が多い ×	●検索キーワードがない ●競合が少ない ○

ここがポイント！

前ページ左下の「検索キーワードがない」「競合が多い」というゾーンは、最もネットで売りづらい商品になります。検索で商品にたどり着くことができないうえに、競合が多いので、仮にネットで売れ出したとしても、すぐに価格競争に巻き込まれてしまいます。

その点、左上の「検索キーワードがある」「競合が多い」というゾーンのほうが、まだネットで売りやすいところがあります。しかし、競合が多いために、検索結果で上位を狙うのがなかなか難しいところがあります。

そうなると、右下の「検索キーワードがない」「競合が少ない」のほうがビジネスチャンスは大きいといえます。検索キーワードがない分、ブランディング戦略がうまくいけば、オリジナルのブランド名や店舗名で検索してくれるようになり、市場を独占することが可能になります。

そして、一番売りやすいのが、右上の「検索キーワードがある」「競合が少ない」という商品です。しかし、そのような都合のいい商品というのはなかなか見つけることができません。常にマーケットの状況と検索キーワードの市場を頭の中に入れながら、商品探しや商品開発を行っていかなくてはいけません。

定期購入をしてもらうなら「定期購入しかやらない」ぐらいの覚悟を持て

長期的な効果やメリットなどを強く打ち出そう

月に1回、決められた日に決められた商品をお届けする「定期購入」は、わざわざ買い物をする手間が省けることから、お客さんにも人気のネット通販サービスとなっています。取り扱われる商品もさまざまで、健康食品や産直野菜のほか、花や洋服など、定期購入が「便利」から「楽しみ」のひとつに変わりつつあります。

定期購入にお客さんを誘導するためには「定期購入でしか商品は買えないぞ！」と強く思わせることが重要です。強いメッセージのキャッチコピーを用いて、商品ページを作らなくてはいけません。オマケ程度のサービスとして「定期購入もやっていますよ〜」ぐらいでは、賢い消費者はすぐに月額払いに警戒してしまいます。本気で定期購入を増やしたければ、新たに定期購入専用のホームページを作るぐらいの施策は打ち出したほうがいいと思います。

また、定期購入サービスの案内ページでは、明らかに定期購入のほうにメリットがあることを伝えなくてはいけません。価格のお得感に加えて、毎回注文の煩わしさの解消や、さらには、その商品が定期的に送られてくることによる長期的な効果やメリットなど、定期購入の良さをわかりやすく伝えることが重要です。

途中解約の対応には万全の準備を

定期購入を止めさせない工夫としては、お客さんに「不必要だ」と思われないことです。健康食品であれば効果・効能、アパレル品であれば商品が届く楽しさなど、毎月商品が届くメリットを明確にさせることが、定期購入の継続につながっていきます。また、商品と一緒に、内容が面白いダイレクトメールを同封したり、毎月興味深い新商品が発売されたりすると、お客さんも定期的に届く商品以外に興味を持ってくれるようになるので、定期購入の継続期間はさらに伸びるはずです。

なお、定期購入を途中解約するタイミングが、一番トラブルが発生しやすいところなので注意が必要です。お客さんが商品に不満を抱えている時期でもあり、返金や返品のトラブルが起きると、二重にお客さんの怒りを買ってしまうことになります。そのため、途中解約の対応マニュアルは事細かに制作して、ミスをできる限り少なくするよう心がけておいたほうがいいでしょう。

意外に難しいサブスクリプションのビジネスモデル

ランダムに服や雑貨が自宅に届き、好きな時に返却ができたり、買い取ったりすることができる「サブスクリプション」という月額制のネットビジネスが、新しい消費の形として注目されています。

しかし、サブスクリプションは商品の管理が難しく、利用者の解約を防止するための施策も展開しなくてはいけないため、商売として軌道に乗せることが難しい一面があります。

ネットショップ運営に長けた企業が、新規事業として取り組むのであれば面白い展開が期待できるのですが、社内にシステム構築やプロモーションに強いスタッフがいなければ、立ち上げることすら難しいビジネスモデルだと思ったほうがいいでしょう。

定期購入はカートの作り込みの“気合い”がポイント

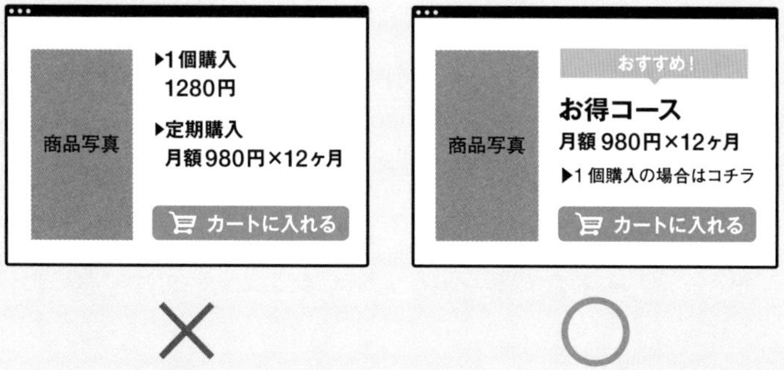

ここがポイント！

ネットショップの場合、お客さんは1回ずつ消費を購入することが「一般的」であり、定期購入することのほうが「イレギュラー」と認識しているところがあります。そのため、ページの作り込みはどうしても1回購入のほうがスタンダードな形になってしまい、そこでオマケのように「定期購入にどうぞ」と案内されても、警戒心が生まれて定期購入への申し込みがしづらくなってしまうところがあります。そうならないためにも、売り手側は「定期購入こそ、うちの商品の本当の良さがわかるものなんだ！」と力強くアピールした売り方をしなくてはいけません。
たとえば、前ページの図の左のように、カートのそばで「1個購入」と「定期購入」を同じように並列してしまうと、購入する側は「1個買い」のほうがリスクが低いので、そちらのほうを選択してしまいます。しかし、図の右のように、明らかに定期購入イチオシのカートにすると、お客さんのほうも「これが一番お得だ」と判断してくれて、定期購入のほうを選択してくれるようになります。中途半端に「定期購入してくれたら御の字」という弱い気持ちではなく、「うちの会社は、定期購入以外はさせない！」ぐらいの強い気持ちを持って、ページを作り込むようにしなくてはいけません。

ホームページが模倣されても、まずは自分で解決することを試みる

著作権について争っても、損害賠償や慰謝料はほとんど請求できない

商売をしていると、法的なトラブルに巻き込まれることが多々あります。お金のやりとりをしている以上、トラブルに対応するスキルは最低限身につけておいたほうがいいでしょう。

ネットショップ運営でよく発生するトラブルは、サイトのデザインを模倣されるケースです。しかし、その多くは真似られた側の思い過ごしが多く、第三者が見てみると「ほとんど似ていない」と思ってしまうケースのほうが多かったりします。そのため、「真似られた！」と思ったら、まずはすぐに第三者である知人に相談して、客観的な意見を聞くことをおすすめします。

もし、明らかにサイトのデザインやキャッチコピーが模倣されていることが確認できれば、メールで警告文を出してみるといいでしょう。そこでだいたいの会社は、謝罪して、そのデザインのページを下げてくれます。しかし、それでも下げない会社があれば、次のステップとして、電話をかけて、ページを下げてもらうよう交渉します。それでもページを下げない場合は、最後の手段として、内容証明書を発行して警告するようにします。

それ以上の展開になってくると、弁護士にお願いして裁判という話に発展してしまいますが、そのような事態にまでこじれてしまった場合は、深追いはせずに、ほどほどのところで手を引いたほうがいいと思います。また、ホームページは宣伝媒体なので、著作権について争っても、損害賠償や慰謝料はあまり多く請求できないのが現状です。強く訴えても模倣ページを下げないということは、かなり常識のない会社の可能性が高いので、

それ以上はあまり相手にしないほうがいいと思います。

逆に自分が訴えられた場合は、素直に非を認めて謝罪することをおすすめします。たまたま作ったページのデザインが似てしまうケースは多々ありますので、その場合はすぐに謝罪すれば大事にはなりません。

商品や商標の模倣に関しては、弁護士に頼んで慎重に対応すべき

商品や商標の模倣に関しては、商品そのものの処分やパッケージ商品の破棄につながるため、慎重に対応したほうがいいと思います。先方が弁護士を使って争ってきた場合は、自分たちも弁護士をつけて争ったほうが、フェアな結論が出しやすくなります。「弁護士費用がもったいないから」と言って、素人が果敢に争いごとに首を突っ込んでしまうと、たいてい痛い思いをするケースのほうが多いです。ここはお金をケチらず、弁護士に頼んで争いごとを処理してもらうようにしましょう。

なお、弁護士の探し方ですが、特に「ネットショップ運営の法律にくわしい弁護士」というのは存在していません。そのため、どの弁護士に依頼しても、トラブルの解決には大きな差はないと思います。知り合いに紹介してもらったり、ネットで探したりするのもいいですが、商工会議所などに相談すると、地元で融通のきく弁護士を紹介してくれる場合もあるので、一度問い合わせてみることをおすすめします。

販促イベントの積極的な開催は、SNSとSEOの強化につながる

企画しないと、お客さんとの接触機会が減り、コンテンツの数も減ってSEOでも不利に

楽天市場やAmazon、Yahoo!ショッピングなどに出店していると、モール側がイベントや販促企画を積極的に開催してくれるので、労せずにネットショップに見込み客を集めることができます。楽天市場の「スーパーセール」や、Amazonの「ブラックフライデー」など、集客力の高い販促企画に便乗できるのも、モール出店の大きなメリットといえます。しかし、自社サイトは、自らそのような企画を開催しなければ、販促イベントに便乗した売上を作ることができません。自社サイトは、1年間を通じて定期的に販促イベントを開催して、自ら売上に加速をかける売り方をしていかなくてはモールに出店しているネットショップのようにアクセス数を稼ぐことができないのです。

販促イベントを多数開催することには、多くのメリットがあります。まず、販促イベントが多いと、それに比例してお客さんに発信する情報の量が増加します。ブログやSNSのコンテンツが増えて、お客さんとの接触機会も増えるので、優良顧客になるスピードが加速していきます。また、販促イベントが定期的に開催されるようになると、お客さんが次のイベントを楽しみに待つようになり、自然と囲い込みがしやすくなる環境が整います。

反対に、販促イベントが少なくなってしまうと、情報発信量も少なくなるため、コンテンツの数が減ってしまいます。お客さんとの接触頻度が下がるだけではなく、コンテンツ記事が減ってしまい、SEOの面でも不利になってしまいます。小さなネットショップであれば、なおさらお客さんと

の濃厚なつながりが必要になるので、積極的に販促イベントを開催して、コンテンツを増やすことに力を入れていったほうがいいと思います。

最低でも半年ぐらい前から動き出さなければダメ

販促イベントの内容に関しては、わかりやすくてシンプルなモノを開催するようにしましょう。2～3週間に1回ぐらいのペースで開催すると、お客さんの記憶にも残りやすく、「あそこのネットショップに行けば、なんかやっている」という印象を与えることができるようになります。

ただし、ネットショップの販促イベントは、商品の仕込みからページ制作まで手間がかかるため、長い準備期間が必要となります。最低でも半年ぐらい前から動き出さなければ、満足度の高い販促イベントを展開することはできないと思ったほうがいいでしょう。できる限り、早めに行動を起こすことを習慣づけてもらえればと思います。

このように、商品点数を増やさず、広告費をかけずに売上を伸ばしていくためには、販促イベントの開催数を増やして、時間とお金をできるだけかけずにお客さんとの接触頻度を上げていくしか方法はありません。販促イベントの回数と売上は比例しているところがありますので、地道にファンづくりのイベントを開催して、お客さんを取り込んでいくようにしましょう。

インタビューで読み解く成功の秘密

自社サイトを運営している人同士は、日常的に接点が少なく、交流する機会がほとんどないのが現状です。ここでは、自社サイトを運営している2組に登場していただき、ネットショップを立ち上げた頃の苦労話から、軌道に乗せるまでのエピソードを、インタビュー形式で紹介します。自分たちのネットショップの運営方法と照らし合わせながら、どのようなポイントを改善していけばいいのか、自社サイトの戦略を組み立てていく上で、いろいろ参考にしてもらえればと思います。

ネットショップ運営者インタビュー —— 01

モール依存のEコマース事業から脱するために チームで一丸となって取り組んだ 自社サイト運営

自社サイトの運営ノウハウは、検索エンジン対策やリスティング広告など、独特の情報や知識を持ち合わせていなければ攻略が難しいところがあります。取材に応じてくれたナッツやドライフルーツの卸問屋の小島屋（東京・台東区）の小島社長は、コンサルタント会社や外注スタッフの協力を得て、着々と自社サイトの売上を右肩上がりで伸ばしていきました。

【聞き手】竹内謙礼

小島屋

https://www.kojima-ya.com/

Eコマース事業を楽天市場からスタート

――小島屋が取り扱っている商品を教えてください。

「ドライフルーツとミックスナッツです。1956年創業で、実店舗はアメ横にあります」

――上野に遊びに行った時は、たびたび立ち寄らせてもらっています。店頭がいつも賑わっていますよね。アメ横の人出があれば、ネットショップを運営する必要はないと思うのですが。

株式会社小島屋　専務取締役
小島靖久さん

「アメ横のお客さんは年々減少しているんです。今はピーク時の6割ぐらいの人出しかありません。ネットを使って全国に向けて商品を販売するEコマース事業は、当時のうちの会社にとって急務でもありました」

――最初から自社サイトをオープンされた

んですか？

「楽天市場のネットショップからスタートしました。開店は2005年です。その後、Yahoo!ショッピング、Amazon、自社サイト、au PAYマーケットの順番でオープンしていきました」

——なぜ、楽天市場から始められたんですか？

「一番大きなモールに出店して失敗したら、言い訳ができないと思ったんです（笑）」

——自分を追い込んだんですね。

「小さいモールで失敗したら、モール側のせいにしてしまいますからね」

——過去にネットショップを作った経験はあったんですか？

「ありませんでした。独学でHTMLを学んで作りました。自分1人しかいなかったので、オープンまで4～5ヶ月ぐらいかかりました」

——すぐに売れ始めましたか？

「貝柱やウコンなどがテレビで取り上げられたこともあって、わりとすぐに売上が伸びました。初月で200万円弱ぐらいは売れました。その後、ドライフルーツやナッツもコンスタントに売れるようになって、2010年には楽天市場だけでかなりの売上は出せるようになりました」

ネットショップ運営に必要なのは「人」「モノ」「金」

——凄いですね！　その当時の自社サイトの売上はどのくらいだったんですか？

「月商1～2万円ぐらいです」

——ぜんぜん売れなかったんですか？

「まったくです。その後も3年間ぐらいそんな感じでした」

——自社サイトの運営に本腰を入れたのはいつ頃からですか？

「2014年です。知人に『自社サイトはちゃんとやればもっと売れる』と言われて、ページを作り直して、メルマガを出すようにしました。すると、1年ぐらいで月商70万円の売上は作れるようになりました。でも、月商100万円の壁はなかなか超えられず、もっと本気で自社サイトの運営に取り組まなきゃいけないと思うようになりました」

――それまでの自社サイトの運営で、何か欠けていたものがあったのでしょうか？

「ネットショップ運営に必要なことは『人』『モノ』『金』の3つなんです。でも、自社サイトに専属の担当者を置くことは難しいですし、自社サイトだけにしか売っていない商品を販売するのもオペレーション的にはできませんでした。それで、最後の『金』の部分で、ちゃんと自社サイトの売上を伸ばしてくれるコンサルタント会社に費用を支払って、代わりに運営してもらうことにしたんです」

――すぐに売上は伸びたんですか？

「軌道に乗るまで2年かかりました。もともと真面目に運営していなかったわけですから、データがまったくなかったんです。どのようにお客さんがサイトに来て、どのように商品を買っていくのか、そのデータ集めから始めました。楽天市場のネットショップのデータを元にテスト販売してみたり、実店舗に商品を購入しにきてくれるお客様にヒアリングをしてみたり、トライ・アンド・エラーはたくさんやりました。その点はマーケティングが得意なコンサルタント会社に運営をお願いして良かったと思います」

――最終的に売上はどのくらいまで伸びたんですか？

「かつての5倍以上の売上を安定してだせるようになりました」

「何もしなくても売れる」という自社サイトではダメ

——見事に軌道に乗りましたね。

「もともとコンサルタント会社には『何もしなくても売れるようなサイトにしてほしい』と言っていたんです。ホームページを1回制作したら、あとは商品をアップするだけで売上が作れるような、自動販売機的なサイトの構築を目指していました」

——予定どおりということですね。

「だけど、この運営方法だと自分たちにノウハウが蓄積されていかないことに気付いたんです。受注管理をするだけなので、なぜ、商品が売れているのか分かりませんでした」

——それは不安になりますね。

「2017年にコンサルタント会社から運営を引き継いで、自分たちで運営することにしました。そして、futureshopが主催する勉強会に参加して、自社サイトの運営方法のノウハウを一から学ぶことにしたんです」

——どんなことを学んだんですか？

「まずは売上を伸ばすための指標づくりです。うちの商品の場合、セッション数を上げたほうが、転換率が比例して伸びることがわかりました。自社の手前勝手な導線ばかり気にしていたのですが、転換率の高いページを活用しつつ、お客さんの行動を考えた導線づくりをして、意味のあるセッション数を増加させました。しっかりとデータを活用してページづくりをするという当たり前のことですよね。それから、その施策にともなうコンテンツを充実させることもしました」

——でも、コンテンツを充実させるためには人手がかかりますよね？

「それもfutureshopに相談しました。すると、コンテンツ制作や広告運用、ページ制作の外注スタッフを紹介してくれて、それでチームを作って自社サイトを運営することにしたんです」

――状況は変わりましたか？

「今まではコンサルタント会社に丸投げで仕事をお願いしていたので、売上が伸びるまでのプロセスがわかりませんでした。でも、自分で外注スタッフと一緒になって施策に取り組むようになって、判断しなくてはいけないことや、理解しなくてはいけないことが増えて、ネットショップ運営のスキルはかなり上がったと思います」

――モール運営をしているだけでは気づかないことかもしれませんね。

「モールの運営は、広告を買って、商品を値下げして、ポイントさえつければ、かんたんに商品が売れてくれるんです。でも、自社サイトは自分たちで一から戦略を考えていかなくてはいけません。たとえば、モールの場合、カートのボタンの色は変えられませんが、自社サイトであれば、そういう細かいところまで手を加えることができます。そういう改善点をひとつひとつ修正していくことによって、自社サイトの売上がじわじわと伸びていくようになりました」

自社サイト運営はモールの運営より10倍難しい

――かなりざっくりとした質問ですが、モールに比べて、自社サイトの運営の難しさはどのくらいでしょうか？

「感覚的には自社サイトの運営のほうが、楽天市場やAmazonよりも10倍ぐらい難しい感じです」

――そんなに苦労するにも関わらず、なぜ、自社サイトの運営にこだわったんでしょうか？

「モールに依存したネットショップ運営の将来が見えなくなってしまったんです。どんどん競合が増えて、値下げ競争が激しくなっていく中、今後、自分たちがどうやって売上を伸ばしていけばいいのかビジョンが描けなくなってしまいました。それが自社サイトを運営することで、価格競争に巻き込まれないネットショップ運営の方法が少しずつ見えてくるようになったんです。モールよりも自社サイトの売上を伸ばしたほうが、会社にとっても将来的にプラスだと思うようになりました」

――現在の自社サイトの運営状況はどうですか？

「いろいろ苦労はありましたが、『本店をちゃんと運営しているぞ！』と言えるくらいの売上はコンスタントに出せるようになりました。今後はSNSなどの施策に取り組んでいこうと思っています」

――まだまだ伸びしろがありそうですね。

「自社サイトの運営はやれることがたくさんありますからね。運営している自分たちも仕事をしていて楽しいですよ」

――こうやって話を伺うと、いきなり自社サイトの運営を自分たちでやるのではなく、一度は外部のスキルやノウハウのある人に運営を任せたほうが、軌道に乗せるのが早いかもしれませんね。

「自社サイトの運営が何もわからない状態で、いきなり外注スタッフに仕事をお願いしてもうまくいかないんじゃないでしょうか。自分たちのサイトは、最初に運営を請け負ってくれたコンサルタントが下地をつくってくれたおかげで、引き継いだ外注のスタッフが改善しやすかったところは大きかったと思います。自分自身も、ある程度の売上があったからモチベーションを維持することができたので、自社サイトの立ち上げに関しては、外部のくわしい人からいろいろアドバイスをもらったほうがいいのかもしれませんね」

――最後にこれから自社サイト運営を行う人にひと言お願いします。

「自社サイトの運営は、自分たちのネットショップとどこまで真剣に向き合えるかというのがとても大事だと思います。商品がどうやって売れているのか、どういうキーワードで調べられているのか、細かいデータと向き合っていくと、そのデータの数字に変化が少しずつ表れてきて、自社サイトの運営が楽しくなってくると思います」

WASHINGTON
GINZA TOKYO

ネットショップ運営者インタビュー —— 02

Amazon Payの支払い方法の追加で
新規顧客13%増
自社サイト運営の内製化に成功した秘訣とは

社内にデザイナーやシステムエンジニアなどの専門家がいなければ、管理運営が難しい自社サイト。しかし、ワシントン靴店（東京・中央区）は、ディレクターを中心にしてネットショップをリニューアル。さまざまな施策で売上を伸ばすことに成功しました。実店舗で商品を購入してくれた人の52%がネットショップで購入してくれる仕掛けづくりにも注目です。

【聞き手】竹内謙礼

ワシントン靴店

https://www.washington-shoe.co.jp/

はじめはネットショップを片手間で運営していた

——ネット通販を始めたのはいつ頃でしょうか。

宮本「2000年です。新しくホームページを立ち上げたのと同時に、自社サイトのネットショップをオープンしました」

——ネット業界でいえば老舗中の老舗ですね。

宮本「当時、総務部だった私が片手間でネット通販の責任者をやっているような状況でした」

——まだインターネットも普及していないような時代だったから、売上を作るのも大変だったんじゃないでしょうか。

宮本「オープンして3日後に、関係

営業本部EC開発室
室長
石嶺哲晴さん

営業本部EC事業室
室長
宮本直樹さん

者が靴を買ってくれただけで、あとは鳴かず飛ばずでしたね（笑）」

――当時は“ネットショップ”という概念すらなかったですからね。

宮本「幸いにして実店舗があったので、ネットショップでも靴を買ってくれるお客様が少しずつ増えていきました。スタッフ1人がEC専属となり、そこでいったん私はECからは離れましたが、その後Eコマース事業の責任者として専属になりました。しかし、ここ4〜5年は売上が頭打ちのような状態が続いていました」

――自社サイトの運営に本格的に取り組むようになったきっかけを教えてください。

宮本「2018年にネットショップをリニューアルする際、もっとネットにくわしい人材の力が必要だという話になったんです。そこで、今のEC開発室・室長の石嶺にネット通販のプロジェクトに参画してもらうことになりました。本格的にネット通販に力を入れていくようになったのはそこからです」

――石嶺さんはどのようなポジションでネット通販に携わっていらっしゃるんですか。

石嶺「大まかにいえばディレクターです。前職でウェブ制作の仕事をやっていたので、その経験を活かしてネットショップ全般の運営を見ています。たとえば、制作会社とページの構成で打ち合わせをしたり、受注管理システムのつなぎ込みをしたり、スムーズに売上を伸ばしていくためのハンドリングをおもに行っています」

――途中からワシントン靴店のネットショップ運営に携わって、なにか気付いたことはありましたか。

石嶺「売上を伸ばすには人手が少ないと思いました。おもに責任者と運営スタッフ2人だけで受注・問い合わせ対応から、商品写真の撮影、ページアップ作業まで行っていましたから、それだけで1日が終わってしまうような状況でした。リピート客に支えられて売上は安定していましたが、さらに売上を伸ばしていくとなると、人の投資は必要だと思いました」

――今現在は何人で運営されているのでしょうか。

宮本「在宅スタッフも含めて7人です」

――運営しているネットショップは自社サイトだけでしょうか。

石嶺「2019年に楽天市場に出店して、今後はYahoo!ショッピングにも出店する予定です。弊社のお客様に対しても、ほかのモールにもネットショップがあったほうが機会損失を防ぐことにつながると思い、複数のネットショップを運営することにしました」

商品力で自社サイトに囲い込む

――リニューアル後の自社サイトの売上は好調でしょうか。

宮本「おかげさまで新規顧客は13％増、転換率は20％増と、ネットショップの販売力が飛躍的にアップしました」

――要因はなんでしょうか。

石嶺「futureshopの『Amazon Pay』の決済方法を導入したことが大きかったと思います。今でも自社サイトで購入してくれるお客様の2割はAmazon Payを利用しています。Amazonのアカウントで気軽に商品を買えることが、新規顧客の拡大につながっているんだと思います」

――スマホサイトで商品を購入しようと思った時、わざわざ個人情報を入力するのは面倒ですからね。しかし、自社サイトでAmazon Payが使えることがわかると、お客さんがAmazonのことを思い

出してしまって、自社サイトで商品を買うことをやめてしまうのではないでしょうか。

宮本「弊社の商品は50％がオリジナルで、ほかのお店では売っていないものがほとんどです。インポートの靴もバイヤーが厳選した商品しか取り扱っていないので、他店では手に入りにくいものが多いです。そのせいか、Amazon Payを利用しても、ほかのサイトやモールにお客様が流れてしまうことはほとんどありません。強い商品力でお客様を囲い込む戦略が功を奏している感じです」

――ページ制作やシステムは外注に委託しているのでしょうか。

石嶺「はい。社内にはデザイナーやシステムエンジニアはいません」

――制作業務が外注になると、スピーディな対応ができなかったり、コストがかかったりして大変ではないでしょうか。

石嶺「futureshopの『コマースクリエイター』を使っているので、かんたんなレイアウト変更や、機能の付け足しは自分たちでもできます。たとえば、会員登録フォームの項目を変えたり、クーポン機能をつけたりすることは、HTMLがくわしくない私でも手を加えることが可能です。今まではページや仕様の変更のたびに制作会社やシステム会社にお願いしていましたが、その面倒な作業がなくなったことは、時間的にもコスト的にも大きな削減につながりました」

――外注業者と仕事をするのは一見効率が良さそうですが、実際にやってみると難しいところが多々ありますからね。

宮本「リニューアル前までは、デザイナーやシステムエンジニアと直接交渉して作業をしていました。しかし、自分たちのやりたいことがうまく相手に伝えられず、コミュニケーションを取ることがとても大変でした。コストとスピード面を気にしながら作業を進めなくてはいけないので、自分たちがやりたいことをなかなか実現することができず、苦労は絶えませんでした」
石嶺「以前はホームページに『お知らせ』を載せるだけでも、わざわざ外注にお願いしていましたからね（笑）」
宮本「スマホ対応ページも早急に作りたかったんですが、うまくこちらの要望を伝えられなくて、なかなか着手することができませんでした」
――スマホページは特殊ですからね。制作会社とコミュニケーションをしっかり取らないと、とんでもないページになってしまいます。
宮本「今はコマースクリエイターのおかげで、かんたんにスマホページも作ることができるようになりました。そういう意味では、一部分でも作業の内製化ができたことは、弊社のネットショップ運営において大きな進歩といえます」

実店舗でもネットショップでも買ってもらえる環境づくり

――ほかに行っている集客方法があれば教えてください。
石嶺「リスティング広告を中心にネット系の広告は全般的に行っています。SEOはそこまで力を入れているわけではないのですが、20年ぐらい前からネットショップを運営しているおかげでドメインパワーが強く、最近は自然検索でのお客様も増えています。メルマガも週に1～2回のペースで配信しており、リピート客向けの施策も定期的に行っています」
――今でも実店舗のお客さんがネットショップで購入してくれるケースは多いのでしょうか？
宮本「非常に多いです。以前、実店舗のお客様に『ワシントン靴店のネットショップで購入したことがありますか？』と質問したところ、52％のお客様が、買い物経験があると回答してくれました」
――凄いですね！
宮本「弊社は全国に25店舗のお店を展開しているので、ほかのネットショップよりも実店舗からの流入は多いと思います。靴のサイズ感をつかんだお客様が、ネットショップでも引き続き靴を購入し続けてくれるので、自社サイトのリピート客数も全体の6割を超えています」

――まさに商品力と実店舗の接客の賜物ですね。

石嶺「先述したように、弊社は他店では手に入らないデザインやサイズの靴を多く取りそろえていますし、創業も1933年と老舗なので、長くお付き合いさせて頂いているお客様が多くいらっしゃいます。ワシントン靴店を信頼して、ネットショップにお客様が流れ込みやすい環境にはなっていると思います」

――今後の展開について教えてください。

宮本「自社サイトを軸にして、ほかのモールの販促にも力を入れていきたいと思います。売上が伸びれば、その分、ネットショップに対する予算のかけ方も大きく変わってくるので、さらにいろいろな販促にチャレンジしていきたいと思います」

おわりに

最後まで本書をお読みいただき、本当にありがとうございました！

300ページ近い本を読むことは、相当大変だったと思います。冒頭で述べたとおり“最後まで読む”というハードルを乗り越えたことに対して、著者として大きな拍手を送りたいと思います。

本当におつかれさまでした！

自社サイトの攻略本を書き終わって、最初に思ったことは、「商売って何だろう？」という素朴な疑問でした。

商売とは、お金を稼ぐことです。そして、ネットショップ運営という商売で、お金を稼ぐだけが目的であれば、楽天市場やAmazon、Yahoo!ショッピングのほうがもしかしたら効率よくお金を稼ぐことができるかもしれません。

しかし、ショッピングモールのネットショップ運営には、とてつもない苦労がつきまといます。厳しいルールに縛られて、顧客情報も手に入らず、いつ手数料を値上げさせられるか、ビクビクしながら商売をしなくてはいけません。広告費もかかりますし、価格競争にも巻き込まれます。常に大変な思いをしながら、お金を稼ぎ続けなければいけないのです

そこで、あらためて思うわけです。「商売って何だろう？」と。

なぜ、こんなに苦労をしてまで、商売を続けなくてはいけないのでしょうか。

お金を稼ぐために苦労することは当然だと思います。でも、今のショッピングモールのネットショップ運営の苦労は、むしろ“苦行”と言ってもいいぐらいのレベルのものになっています。これでは、お金を稼ぐために苦

労をしているのではなく、「苦労をしているから、お金を稼がなくてはいけない」という、目的と手段が真逆の状態になっているのではないかと思ってしまいます。

今回、自社サイトというビジネスモデルをもう一度振り返ってみました。そこには、ショッピングモールのネットショップ運営とは違った「商売」の世界が存在していました。利益率重視の経営で、無理な価格競争にさらされず、自分たちの熱い思いがこもった商品を、適正価格で、好きなように販売する ――自社サイトには、そのような“自由”がたくさん存在していました。そして、その自由を楽しむ商売人と、その自由を愛してやまないお客さんに囲まれた自社サイトのネットショップ運営は、楽園のようにも見えました。

もちろん、自社サイト運営には、自社サイト運営なりの大変な苦労があるのも事実です。しかし、その苦労は「お金を稼ぐための苦労」であって、「苦労をしているからお金を稼いでいる」という商売人とは、明らかに幸福度が違うように思いました。

今後、ネットショップ業界はさらに競争が激化していくことが予想されます。

Amazonはさらに勢いをつけて、商品点数、商品力、価格の面で、地球上にあるネットショップをすべて駆逐するつもりで、大きな勝負を仕掛けてくると思います。

楽天市場も負けてはいないと思いますが、昔のように広告を使えば爆発的に商品が売れるような時代は終わりました。メルマガを流せば面白いように商品が売れて、テレビ広告を使って大々的なセールを告知すればサーバーが落ちるほどにアクセスが集めることは、今後は難しいのかもしれません。

そうなると、ネットショップの出店者に対して、何かしらの負荷が発生する可能性は十分にあると思います。今までネットショップの楽園のようなところだった楽天市場も、AmazonやYahoo!ショッピングの台頭によって、少しずつ、その様相が変わっていくでしょう。

そう考えると、ショッピングモールからインターネットの大海原に飛び出して、自社サイトという新しい楽園を自分たちで作り上げるのも、面白いかもしれません。

外部リンクも自由。
電話番号の掲載も自由。
実店舗の誘導も自由。
売上はほぼ総取り。
顧客リストもすべて自分のもの。

年々上昇していく手数料に恐怖を感じながら仕事をする必要はありませんし、突然ルールが変わる恐ろしさともサヨナラです。

そんな自由な楽園を作るために、本書が“設計図”のような役割になってくれれば、著者としては大満足です。

ここでちょっとだけ私、竹内謙礼の話をさせてください。

私は「タケウチ商売繁盛研究会」というビジネス研究会を主宰しています。その会では、日々のネットショップ運営のアドバイスを、メールや電話にて行っています。

「Facebookを使ってお客さんを集めたい」
「ネットショップから実店舗にお客さんを呼びたい」
「売上を伸ばすために、何をやったらいいんでしょうか」

などなど、ネットショップ運営に関する相談を、かれこれ15年以上続けています。自社サイトのネットショップ運営に困ったら、遠慮なく、タケウチ商売繁盛研究会に入会して、私に相談してもらえればと思います。

また、本書を読んで「自社サイトを始めるぞ！」「futureshopにカートを切り替えて、最強の自社サイトを作るぞ！」と思ったあなた。ぜひ、私のホームページに一度アクセスしてみてください。「竹内謙礼」という名前で検索したら、すぐにたどり着くことができます。そこでは、自社サイト運営に役に立つ、本書の読者限定の特典プレゼントを用意してお待ちしております（笑）。期待して、私の公式サイトまで遊びに来てください。

それと、もしよろしければ、私が配信しているメールマガジンも、ご一読いただければうれしく思います。「ボカンと売れるネット通信講座」というタイトルで、ネットショップ運営や売上アップに役立つ話を、週に1回、がんばって配信しています。もちろん、購読料は無料です。かれこれ、休まず10年以上も配信しており、すでに読者は1万人に達しています。魂を込めて「みなさんの売上が伸びますように！」と願いを込めて書いています。もしよろしければ、一度ご覧になってください。Facebookのお友達申請もお待ちしておりますので、遠慮なく、申請してください。基本、どなたさまもウェルカムなコンサルタントなので。

最後に。

あなたが自社サイト運営をしていくなかで、もし辛くて大変な出来事が起きてしまったら、ぜひ本書を思い出してください。ペラペラとめくっていけば、辛くて大変なことを乗り越えていくための知恵と勇気が湧いてくる話が必ずどこかに書かれているはずです。本書をお守りのように大事に本棚にしまって、受験参考書のように、ボロボロになるまで使い倒してもらえれば、うれしく思います。

思う存分自社サイトの売上を伸ばすために、本書を踏み台にしてください。

竹内謙礼

索引

さ行

た行

巣ごもり消費マーケティング

「家から出ない人」に買ってもらう100の販促ワザ

竹内謙礼 著

四六判／ 248ページ　定価（本体1,680円＋税）

ISBN 978-4-297-11442-8